Prática deliberada em terapia do esquema

FBTC
Federação Brasileira de
Terapias Cognitivas

artmed

A Artmed é a editora
oficial da FBTC

| P912 | Prática deliberada em terapia do esquema / Wendy T. Behary... [et al.]; tradução: Sandra Maria Mallmann da Rosa ; revisão técnica: Ricardo Wainer. – Porto Alegre : Artmed, 2024.
xiv, 233 p. ; 23 cm.

ISBN 978-65-5882-221-9

1. Psicoterapia. 2. Terapia cognitiva focada em esquemas. I. Behary, Wendy T. |
|---|---|

CDU 615.851

Catalogação na publicação: Karin Lorien Menoncin – CRB 10/2147

Wendy T. **Behary**
Joan M. **Farrell**
Alexandre **Vaz**
Tony **Rousmaniere**

Prática deliberada em terapia do esquema

Tradução
Sandra Maria Mallmann da Rosa

Revisão técnica
Ricardo Wainer
Psicólogo. Diretor da Wainer Psicologia Cognitiva. Especialista com treinamento avançado em Terapia do Esquema no New Jersey/New York Institute of Schema Therapy. Terapeuta e supervisor credenciado pela International Society of Schema Therapy (ISST). Mestre em Psicologia Social e da Personalidade e Doutor em Psicologia pela Pontifícia Universidade Católica do Rio Grande do Sul.

artmed

Porto Alegre
2024

Obra originalmente publicada sob o título *Deliberate Practice in Schema Therapy*, 1st Edition.
ISBN: 9781433836022

Copyright © 2023 by the
American Psychological Association (APA). The Work has been translated and republished in the Portuguese language by permission of the APA. This translation cannot be republished or reproduced by any third party in any form without express written permission of the APA. No part of this publication may be reproduced or distributed in any form or by any means or stored in any database or retrieval system without prior permission of the APA.

Colaboraram nesta edição:

Coordenadora editorial
Cláudia Bittencourt

Editora
Paola Araújo de Oliveira

Capa
Paola Manica | Brand&Book

Leitura final
Netuno

Editoração
Ledur Serviços Editoriais Ltda.

Reservados todos os direitos de publicação, em língua portuguesa, ao
GA EDUCAÇÃO LTDA.
(Artmed é um selo editorial do GA EDUCAÇÃO LTDA.)
Rua Ernesto Alves, 150 – Bairro Floresta
90220-190 – Porto Alegre – RS
Fone: (51) 3027-7000

SAC 0800 703 3444 www.grupoa.com.br

É proibida a duplicação ou reprodução deste volume, no todo ou em parte, sob quaisquer formas ou por quaisquer meios (eletrônico, mecânico, gravação, fotocópia, distribuição na Web e outros), sem permissão expressa da Editora.

IMPRESSO NO BRASIL
PRINTED IN BRAZIL

Autores

Wendy T. Behary, MSW, LCSW, é fundadora e diretora clínica do The Cognitive Therapy Center of New Jersey and The Schema Therapy Institutes of NJ-NYC-DC e ex-presidente da International Society of Schema Therapy (ISST) (2010-2014). É autora de *Desarmando o narcisista: sobrevivendo e prosperando com o egocêntrico*. Trata clientes narcisistas, seus parceiros e outras pessoas que lidam com eles, além de casais com problemas de relacionamento; treina profissionais e supervisiona psicoterapeutas há mais de 20 anos. Faz conferências tanto em nível nacional quanto internacional para profissionais e o público geral sobre os temas da terapia do esquema e de narcisismo e relacionamentos.

Joan M. Farrell, PhD, é psicóloga licenciada e diretora de pesquisa do Center for Borderline Personality Disorder Treatment and Research, Indiana University – Purdue University Indianapolis (IUPUI). É professora adjunta de Psicologia na IUPUI e foi membro docente de Psicologia Clínica no Departamento de Psiquiatria da Indiana University School of Medicine por 25 anos. Ex-coordenadora de treinamento e certificação no conselho executivo da ISST (2012-2018), é desenvolvedora, com Ida Shaw, de um modelo de terapia do esquema em grupo, que integra intervenções experienciais e explora os fatores terapêuticos dos grupos. Juntas, elas também escreveram dois livros sobre esse modelo para transtorno da personalidade *borderline* e outros transtornos da personalidade. Seu livro mais recente é *Vivenciando a terapia do esquema de dentro para fora: manual de autoprática/autorreflexão para terapeutas*. Oferece treinamento em terapia do esquema e *workshops* sobre autoprática/autorreflexão em níveis nacional e internacional.

Alexandre Vaz, PhD, é cofundador e diretor acadêmico da Sentio University, em Los Angeles, Califórnia. Realiza *workshops* de prática deliberada e treinamento clínico avançado e supervisão a clínicos de todo o mundo. É autor/coeditor de vários livros sobre prática deliberada e treinamento em psicoterapia e de duas séries de livros de treinamento clínico: *The Essentials of Deliberate Practice* e *Advanced Therapeutics, Clinical and Interpersonal Skills*. Desempenhou várias funções em comitês da Society for the Exploration of Psychotherapy Integration e da Society for Psychotherapy Research. É fundador e anfitrião da *Psychotherapy Expert Talks*, uma aclamada série de entrevistas com psicoterapeutas e cientistas renomados.

Tony Rousmaniere, PsyD, é cofundador e diretor de programa da Sentio University, em Los Angeles, Califórnia. Oferece *workshops, webinars* e treinamento clínico avançado e supervisão a clínicos de todo o mundo. É autor/coeditor de vários livros sobre prática deliberada e treinamento em psicoterapia, bem como de duas séries de livros sobre treinamento clínico: *The Essentials of Deliberate Practice* e *Advanced Therapeutics, Clinical and Interpersonal Skills*. Em 2017, publicou o artigo amplamente citado "What Your Therapist Doesn't Know", na revista *The Atlantic Monthly*. Apoia o movimento de dados abertos e publica achados clínicos, sob forma não identificada, em seu *website* (https://drtonyr.com/). Membro da American Psychological Association, recebeu o Early Career Award pela Society for the Advancement of Psychotherapy (APA, Divisão 29).

Agradecimentos

Agradecemos a Rodney Goodyear por sua contribuição significativa para o início e organização da série de livro sobre prática deliberada. Somos gratos a Susan Reynolds, David Becker, Emily Ekle e Joe Albrecht, da American Psychological Association (APA) Books, e a Elizabeth Budd pela orientação especializada e edição perspicaz que melhorou significativamente a qualidade e acessibilidade deste livro. Agradecemos também à International Deliberate Practice Society e aos seus membros por suas muitas contribuições e apoio ao nosso trabalho. Por fim, agradecemos pelas valiosas notas editoriais e o *feedback* de Inês Amaro, Amy DeSmidt e Jamie Manser.

Somos gratos a Jeff Young e a Ida Shaw por seu apoio inabalável e suas contribuições. Estamos também gratos aos nossos colegas e aprendizes da International Society of Schema Therapy (ISST) por sua inspiração e entusiasmo. Por fim, nosso agradecimento aos nossos clientes pelo privilégio de conhecê-los e testemunhar a sua coragem.

Os exercícios neste livro foram submetidos a testes exaustivos em programas de treinamento no mundo todo. Não podemos deixar de agradecer a todos os líderes de sites-piloto e aprendizes que foram voluntários para "testar" este trabalho e forneceram um *feedback* extremamente importante durante o processo de refinamento e escrita do método. Em particular, estamos profundamente gratos aos seguintes supervisores e aprendizes que testaram os exercícios e forneceram *feedback* valioso:

- Diana Bandeira, MR Terapias, Lisboa, Portugal
- Myriam Bechtoldt, prática privada, Frankfurt, Alemanha
- Marsha Blank, prática privada, Brooklyn, NI, Estados Unidos
- Shana Dastur, prática privada, Caldwell, NJ, Estados Unidos

- Joana David, Clínica ISPA, Lisboa, Portugal
- Aleksandra Defranc, University of Warsaw, Varsóvia, Polônia
- Tara Cutland Green, prática privada, East Riding of Yorkshire, Inglaterra, Reino Unido
- Max Groth, prática privada, Nova Iorque, NI, Estados Unidos
- Johanna Knorr, prática privada, Kassel, Alemanha
- Anna-Maija Kokko, Center for Cognitive Psychotherapy Luote Ltd, Mikkeli, Finlândia
- Nicolette Kulp, SAGA Community Center, Ambler, PA, Estados Unidos
- Zhi Li, prática privada, Roterdam, Holanda
- Christopher Lin e Danni Hang, Ferkauf Graduate School of Psychology, Bronx, NI, Estados Unidos
- Offer Maurer, prática privada, Cascais, Portugal
- Pam Pilkington, prática privada, Melbourne, Austrália
- Nicholas Scheidt, prática privada, Miami Beach, FL, Estados Unidos
- Robin Spiro, prática privada, Livingston, NJ, Estados Unidos
- Marieke ten Napel-Schutz, Radboud University, Rozendaal, Holanda
- Mingxin Wei, prática privada, Baltimore, MD, Estados Unidos
- Yuanchen Zhu, prática privada, Shanghai, China

Apresentação

Temos o prazer de apresentar *Prática deliberada em terapia do esquema*, que faz parte da série de livros de treinamento sobre prática deliberada publicada pela American Psychological Association (APA). Desenvolvemos esta série de livros para abordar uma necessidade específica que vemos em muitos programas de formação em psicologia. Vamos usar como exemplo as experiências de treinamento de Mary, uma hipotética estagiária do 2º ano da pós-graduação. Mary aprendeu muito sobre teoria, pesquisa e técnicas psicoterápicas em saúde mental e é uma aluna dedicada; já leu dezenas de manuais, escreveu excelentes artigos sobre psicoterapia e recebe notas quase perfeitas nas provas do seu curso. No entanto, quando Mary está com seus clientes em sua prática clínica, com frequência tem dificuldades para desempenhar as habilidades da terapia sobre as quais consegue escrever e falar com tanta clareza. Além disso, notou que fica ansiosa quando seus clientes expressam reações fortes, como quando ficam muito emotivos, sem esperança ou céticos em relação à terapia. Às vezes, essa ansiedade é forte o suficiente para fazê-la congelar em momentos-chave, limitando sua capacidade de ajudá-los.

Durante a supervisão semanal individual e em grupo, sua supervisora lhe dá conselhos informados por terapias empiricamente comprovadas e métodos de fatores comuns. Ela frequentemente complementa esses conselhos, guiando Mary durante *role-plays*, recomendando leituras adicionais ou fornecendo exemplos do seu próprio trabalho com os clientes. Mary, uma supervisionanda dedicada que compartilha as gravações das suas sessões com sua supervisora, é aberta em relação aos seus desafios, anota cuidadosamente os conselhos da supervisora e segue suas sugestões de leitura. No entanto, quando está diante dos clientes, com frequência descobre que esses novos conhecimentos parecem ter fugido da sua cabeça e não consegue colocar em prática os conselhos que recebeu. E percebe que esse problema é particularmente pronunciado com os clientes que são emocionalmente evocativos.

A supervisora de Mary, que recebeu formação formal em supervisão, utiliza as melhores práticas, incluindo o uso de vídeo para rever o trabalho dos supervisionandos. Ela classificaria a competência geral de Mary como compatível com as expectativas para um estagiário no seu nível de desenvolvimento. Porém, embora seu progresso geral seja positivo, Mary encontra alguns problemas recorrentes em seu trabalho, apesar de sua supervisora estar confiante de que elas identificaram as mudanças que Mary deve fazer.

O problema com o qual Mary e sua supervisora estão lutando – a desconexão entre seu conhecimento sobre psicoterapia e sua capacidade de praticar a psicoterapia confiavelmente – é o foco da série de livros sobre prática deliberada da qual este livro faz parte. Começamos esta série porque a maioria dos terapeutas experimenta essa desconexão, em um grau ou em outro, quer sejam iniciantes ou clínicos altamente experientes. Na verdade, todos nós somos um pouco como Mary.

Para abordar esse problema, os livros da série abordam o uso da prática deliberada, um método de treinamento especificamente concebido para melhorar o desempenho de habilidades complexas em situações clínicas desafiadoras (Rousmaniere, 2016, 2019; Rousmaniere et al., 2017). A prática deliberada envolve o treino experimental e repetido de uma habilidade particular até que ela se torne automática. No contexto da psicoterapia, isso envolve dois aprendizes em um *role-play* de cliente e terapeuta, trocando de papéis de vez em quando, sob a orientação de um supervisor. O aprendiz que está no papel de terapeuta reage às afirmações do cliente, com um grau de dificuldade que varia desde o nível inicial, passando pelo intermediário até o nível avançado, com respostas improvisadas que refletem habilidades terapêuticas fundamentais.

Para criar os livros, procuramos instrutores e pesquisadores proeminentes dos principais modelos de terapia com essas instruções simples: identifique 10 a 12 habilidades essenciais para o seu modelo de terapia em que os aprendizes frequentemente experienciam uma desconexão entre o conhecimento cognitivo e a capacidade de desempenho – em outras palavras, habilidades sobre as quais os aprendizes poderiam escrever um bom artigo, mas que frequentemente têm dificuldades em executar, especialmente com clientes desafiadores. Então colaboramos com os autores para criar exercícios de prática deliberada especificamente concebidos para melhorar o desempenho dessas habilidades e a resposta ao tratamento em geral (Hatcher, 2015; Stiles et al., 1998; Stiles & Horvath, 2017). Por fim, testamos os exercícios com os aprendizes e os instrutores em vários locais no mundo e os aperfeiçoamos com base em *feedback* extensivo.

Cada livro diz respeito a um modelo de terapia específico, mas os leitores perceberão que a maioria dos exercícios aborda fatores comuns e habilidades interpessoais facilitadoras que os pesquisadores identificaram como tendo o maior impacto nos resultados dos clientes, como empatia, fluência verbal, expressão emocional, persuasão e foco no problema (p. ex., Anderson et al., 2009; Norcross et al., 2019). Assim, os exercícios devem ajudar com uma ampla gama de clientes. Apesar dos modelos teóricos específicos a partir dos quais os terapeutas trabalham, a maioria deles enfatiza os elementos panteóricos da relação terapêutica, muitos dos quais têm apoio empírico robusto como correlatos ou mecanismos de melhora do cliente (p. ex., Norcross et al., 2019). Também reconhecemos que os modelos de terapia têm programas de treinamento já estabelecidos, com históricos importantes, por isso apresentamos a prática deliberada não como um substituto, mas como um método de treinamento transteórico adaptável que pode ser integrado a esses programas existentes para melhorar a retenção de habilidades e ajudar a garantir a competência básica.

SOBRE ESTE LIVRO

Este livro está centrado na terapia do esquema (TE), uma abordagem que evoluiu a partir do trabalho de Jeffrey Young e colaboradores, com um foco no tratamento mais efetivo de clientes com transtornos da personalidade e aqueles com perfis de sintomas crônicos que não responderam ou recaíram depois da terapia cognitivo-comportamental tradicional (Arntz, 1994; Behary, 2008, 2021; Farrell et al., 2014; Farrell & Shaw, 1994, 2012; Young, 1990; Young et al., 2003). O enquadramento teórico-conceitual de Young focava originalmente na terapia individual (Young, 1990; Young et al., 2003) e, depois, foi adaptado para também trabalhar com casais, grupos, crianças e adolescentes. A TE é um modelo teórico abrangente, claro e robusto, que seleciona e integra estratégias de outras escolas de pensamento psicoterápico, como as terapias cognitivo-comportamentais, a Gestalt e terapias focadas na emoção; dessensibilização e reprocessamento através dos movimentos oculares; *mindfulness*; neurobiologia interpessoal; e intervenções somatossensoriais.

Nosso objetivo com este livro é que a prática deliberada seja uma peça adicional concebida para melhorar o treinamento na TE. Idealmente, a prática deliberada pode ajudar aprendizes e terapeutas a integrar as habilidades essenciais da TE ao seu repertório, permitindo o acesso a elas de forma automática em resposta ao contexto do cliente. As habilidades apresentadas neste livro são básicas; não há intenção de que sejam abrangentes. A prática deliberada não se destina a ser o único formato de treinamento por meio do qual a competência na TE é adquirida – é melhor vê-la como um novo complemento importante para outros métodos de treinamento e supervisão.

Obrigado por nos incluir em sua jornada rumo à proficiência em psicoterapia. Agora vamos à prática!

Tony Rousmaniere e Alexandre Vaz

Sumário

	Apresentação	ix
	Tony Rousmaniere e Alexandre Vaz	
PARTE I	**Visão geral e instruções**	
Capítulo 1	Introdução e visão geral da prática deliberada e terapia do esquema	3
Capítulo 2	Instruções para os exercícios de prática deliberada em terapia do esquema	21
PARTE II	**Exercícios de prática deliberada para habilidades na terapia do esquema**	
	Exercícios para habilidades de nível iniciante na terapia do esquema	
Exercício 1	Compreensão e sintonia	27
Exercício 2	Apoiando e reforçando o modo adulto saudável	37
Exercício 3	Educação sobre esquemas: começando a entender os problemas atuais em termos da terapia do esquema	47
Exercício 4	Relacionando necessidades não atendidas, esquema e problema atual	57
	Exercícios para habilidades de nível intermediário na terapia do esquema	
Exercício 5	Educação sobre modos esquemáticos desadaptativos	69
Exercício 6	Reconhecendo as mudanças de modo dos modos de enfrentamento desadaptativo	79

Exercício 7	Identificando a presença do modo crítico internalizado exigente/punitivo	89
Exercício 8	Identificando a presença dos modos criança zangada e criança vulnerável	99
	Exercícios para habilidades de nível avançado na terapia do esquema	
Exercício 9	Reparentalização limitada para os modos criança zangada e criança vulnerável	109
Exercício 10	Reparentalização limitada para o modo crítico internalizado exigente/punitivo	119
Exercício 11	Reparentalização limitada para os modos de enfrentamento desadaptativo: confrontação empática	133
Exercício 12	Implementando a quebra de padrões comportamentais por meio de tarefas de casa	149
	Exercícios abrangentes	
Exercício 13	Transcrição anotada de sessão de prática de terapia do esquema	161
Exercício 14	Sessões de terapia do esquema simuladas	167
PARTE III	**Estratégias para melhorar os exercícios de prática deliberada**	
Capítulo 3	Como obter o máximo da prática deliberada: orientação adicional para instrutores e aprendizes	177
Apêndice A	Avaliações e ajustes da dificuldade	193
Apêndice B	Formulário diário da prática deliberada	197
Apêndice C	Visão geral dos conceitos da terapia do esquema	199
Apêndice D	Exemplo de programa da terapia do esquema com exercícios de prática deliberada incluídos	203
	Referências	209
	Índice	215

PARTE I

Visão geral e instruções

Na Parte I, apresentamos uma visão geral da prática deliberada, incluindo como ela pode ser integrada a programas de treinamento clínico para a terapia do esquema (TE) e, na Parte II, instruções para realizar os exercícios específicos. **Encorajamos tanto os instrutores quanto os aprendizes a lerem os Capítulos 1 e 2 antes de realizarem os exercícios de prática deliberada pela primeira vez.**

O Capítulo 1 fornece uma base para o restante do livro, introduzindo conceitos importantes relacionados à prática deliberada e seu papel na formação em psicoterapia, de forma mais ampla, e no treinamento na TE, mais especificamente. Também examinamos as 12 habilidades incluídas nos exercícios de prática deliberada.

O Capítulo 2 apresenta as instruções básicas e mais essenciais para realizar os exercícios de prática deliberada na TE, na Parte II. Elas são planejadas para serem rápidas e simples e fornecem informações suficientes para que você possa começar sem se sentir sobrecarregado pelo excesso de informações. O Capítulo 3, na Parte III, fornece orientações mais detalhadas, as quais recomendamos que você leia quando estiver confortável com as instruções básicas do Capítulo 2.

1

Introdução e visão geral da prática deliberada e terapia do esquema

Minha (W. T. B.) exposição pessoal à TE começou com o privilégio de aprender e trabalhar com Jeff Young e outros colegas no desenvolvimento inicial do modelo. Houve discussão, experimentação e atenção processual dada à teoria, conceitualização, formulação do tratamento e aplicação. A prática deliberada, com sua aprendizagem voltada para micro-habilidades, acrescentou valor ao treinamento de profissionais competentes em TE. Neste livro, queremos preencher essa lacuna comum na formação procedural dos terapeutas. A atenção focada que a prática deliberada dá à divisão das intervenções complexas em pequenas partes oferece aos clínicos a oportunidade de praticar habilidades cuidadosamente no contexto de problemas específicos. A prática repetitiva, tão frequentemente ausente na formação em psicoterapia, é um pré-requisito para o desenvolvimento de *expertise* profissional e flexibilidade em muitos outros domínios. Na aprendizagem do tênis, por exemplo, a atenção deve estar focada na experiência de cada parte da execução: postura, como segurar a raquete, apoio dos pés, tempo, contato visual e terminação. Depois disso, é só praticar, praticar, praticar. Por fim, uma conexão com a raquete na sua mão e seu posicionamento em quadra é formada. De forma semelhante, acreditamos que *mindfulness* e a prática deliberada de habilidades são elementos necessários para desenvolver terapeutas do esquema competentes.

VISÃO GERAL DOS EXERCÍCIOS DE PRÁTICA DELIBERADA

O foco principal deste livro é uma série de 14 exercícios que foram exaustivamente testados por uma comunidade internacional de instrutores e aprendizes de TE. Cada um dos primeiros 12 exercícios representa uma habilidade essencial da TE. Os dois últimos exercícios são mais abrangentes, consistindo numa transcrição anotada da TE e sessões improvisadas de terapia simulada que ensinam os profissionais a integrar todas essas habilidades a cenários clínicos mais amplos. O Quadro 1.1 apresenta as 12 habilidades que são abordadas nesses exercícios. Ao longo de todos os exercícios, os aprendizes trabalham em duplas sob a orientação de um supervisor e fazem *role-plays* representando o papel de cliente e de terapeuta, revezando-se entre os dois papéis. Cada um dos 12 exercícios focados nas habilidades consiste em múltiplas declarações de clientes agrupadas por dificuldade – iniciante, intermediária e avançada – que requerem uma habilidade específica. Os aprendizes devem ler atentamente e assimilar a descrição de cada habilidade, seus critérios e alguns exemplos. O aprendiz, no papel de cliente, lê as declarações. O aprendiz que representa o terapeuta responde de forma a demonstrar a habilidade apropriada. Os terapeutas em treinamento terão a opção de praticar uma resposta usando a que foi fornecida no exercício ou improvisando no momento e dando sua própria resposta.

Depois que cada combinação de declaração do cliente e resposta do terapeuta for praticada várias vezes, os aprendizes farão uma pausa para receber *feedback* do supervisor. Guiados pelo supervisor, eles serão instruídos a praticar várias vezes as combinações de declaração-resposta, seguindo a lista até ao fim. Em consulta com o supervisor, os aprendizes percorrerão os exercícios, começando pelos menos desafiadores e passando para os níveis mais avançados. A tríade (supervisor-cliente-terapeuta) terá a oportunidade de discutir o quão desafiadores os exercícios são e poderão ajustá-los de acordo com a avaliação, aumentando ou diminuído seu grau de dificuldade.

QUADRO 1.1 As 12 habilidades da terapia do esquema apresentadas nos exercícios de prática deliberada

Habilidades de nível iniciante	Habilidades de nível intermediário	Habilidades de nível avançado
1. Compreensão e sintonia 2. Apoiando e reforçando o modo adulto saudável 3. Educação sobre esquemas: começando a entender os problemas atuais em termos da terapia do esquema 4. Relacionando necessidades não atendidas, esquema e problema atual	5. Educação sobre modos esquemáticos desadaptativos 6. Reconhecendo as mudanças de modo dos modos de enfrentamento desadaptativo 7. Identificando a presença do modo crítico internalizado exigente/punitivo 8. Identificando a presença dos modos criança zangada e criança vulnerável	9. Reparentalização limitada para os modos criança zangada e criança vulnerável 10. Reparentalização limitada para o modo crítico internalizado exigente/punitivo 11. Reparentalização limitada para os modos de enfrentamento desadaptativo: confrontação empática 12. Implementando a quebra de padrões comportamentais por meio de tarefas de casa

Os aprendizes, em consulta com os supervisores, podem decidir quais habilidades desejam trabalhar e por quanto tempo. Com base em nossa experiência com os testes, concluímos que, para obter o máximo benefício, as sessões de prática devem durar cerca de 1h a 1h25. Depois disso, os aprendizes ficam saturados e precisam de uma pausa.

Idealmente, os aprendizes de TE adquirem confiança e competência por meio da prática desses exercícios. *Competência* é definida aqui como a capacidade de executar uma habilidade de TE de maneira flexível e responsiva ao cliente. Foram escolhidas habilidades que são consideradas essenciais para a TE e que os profissionais frequentemente acham difíceis de implementar.

As habilidades identificadas neste livro não são abrangentes no sentido de representarem tudo o que é necessário aprender para se tornar um clínico de TE competente. Algumas apresentarão desafios específicos para os aprendizes.

OS OBJETIVOS DESTE LIVRO

O principal objetivo deste livro é ajudar os aprendizes a adquirir competência nas habilidades básicas da TE. Portanto, a expressão dessa habilidade ou competência pode parecer um pouco diferente entre os clientes ou mesmo dentro de uma sessão com o mesmo cliente.

Os exercícios de prática deliberada são concebidos para realizar o seguinte:

1. Ajudar os terapeutas do esquema a desenvolver a capacidade de aplicar as habilidades em uma série de situações clínicas.
2. Transferir as habilidades para a memória processual (Squire, 2004), de modo que os terapeutas do esquema possam acessá-las mesmo quando estiverem cansados, estressados, sobrecarregados ou desanimados.
3. Proporcionar aos terapeutas do esquema em treinamento a oportunidade de exercerem as habilidades utilizando um estilo e uma linguagem que sejam congruentes com quem eles são.
4. Proporcionar a oportunidade de usar as habilidades da TE em resposta a diferentes declarações e afetos do cliente. Isso visa desenvolver confiança para adotar as habilidades em uma ampla variedade de circunstâncias dentro de diferentes contextos do cliente.
5. Proporcionar aos terapeutas do esquema em treinamento muitas oportunidades para falharem e depois corrigirem a sua resposta com base no *feedback*. Isso ajuda a desenvolver confiança e persistência.

Por fim, este livro visa ajudar os aprendizes a descobrirem seu estilo pessoal de aprendizagem, para que possam continuar seu desenvolvimento profissional muito depois de concluído o seu treinamento formal.

QUEM PODE SE BENEFICIAR COM ESTE LIVRO?

Este livro foi concebido para ser utilizado em múltiplos contextos, incluindo cursos de nível universitário, supervisão, formação de pós-graduação, formação para a certificação da International Society of Schema Therapy (ISST) e programas de educação continuada. Ele pressupõe o seguinte:

1. O instrutor é conhecedor e competente em TE.
2. O instrutor pode dar boas demonstrações de como utilizar as habilidades da TE em uma série de situações terapêuticas, por meio de *role-plays*, ou tem acesso a exemplos em que a TE é demonstrada via gravações em vídeo da psicoterapia.
3. O instrutor pode dar *feedback* aos alunos sobre como elaborar ou melhorar a sua aplicação das habilidades.
4. Os aprendizes terão leituras complementares, como livros e artigos, que explicam a teoria, a pesquisa e os fundamentos da TE e de cada habilidade específica.

Os exercícios abordados neste livro foram testados em 19 locais de formação em quatro continentes (América do Norte, Europa, Ásia e Oceania), sendo voltado para treinadores e aprendizes de diferentes contextos culturais em todo o mundo.

Esta obra também foi concebida para aqueles que estão em treinamento em todos os estágios da sua carreira, desde os aprendizes em início de carreira – incluindo aqueles que nunca trabalharam com clientes reais – até terapeutas experientes. Todos os exercícios incluem orientações para avaliar e adaptar o grau de dificuldade para focar com precisão as necessidades de cada aluno. O termo *aprendiz* é empregado de forma abrangente, referindo-se a qualquer pessoa na área profissional da saúde mental que esteja tentando adquirir habilidades da TE.

PRÁTICA DELIBERADA NO TREINAMENTO EM PSICOTERAPIA

Como é que alguém se torna um especialista na sua área profissional? O que é treinável e o que está simplesmente fora do nosso alcance, devido a fatores inatos ou incontroláveis? Questões como essas tocam o nosso fascínio pelo desempenho dos especialistas e seu desenvolvimento. Uma mistura de espanto, admiração e até mesmo confusão cerca de pessoas como Mozart, Leonardo da Vinci e atletas de alto rendimento contemporâneos como a lenda do basquete Michael Jordan e o virtuoso do xadrez Garry Kasparov. O que explica os seus resultados profissionais consistentemente superiores? Evidências sugerem que a quantidade de tempo empregado em um determinado tipo de treino é um fator-chave no desenvolvimento de *expertise* em praticamente todos os domínios (Ericsson & Pool, 2016). A "prática deliberada" é um método baseado em evidências que pode melhorar o desempenho de forma eficaz e confiável.

O conceito de prática deliberada tem suas origens em um estudo clássico de K. Anders Ericsson e colaboradores (1993), que descobriram que a quantidade de tempo praticando uma habilidade e a qualidade do tempo despendido nessa prática eram fatores-chave preditivos de domínio e aquisição dessa habilidade. Eles identificaram cinco atividades básicas na aprendizagem e domínio de habilidades: a) observar o próprio trabalho; b) obter *feedback* de especialistas; c) estabelecer pequenos objetivos de aprendizagem gradual um pouco além da capacidade do executante; d) engajar-se em ensaios comportamentais repetitivos de habilidades específicas; e e) avaliar o desempenho continuamente. Ericsson e colaboradores denominaram esse processo *prática deliberada*, um processo cíclico que é ilustrado na Figura 1.1.

Pesquisas demonstraram que o engajamento prolongado na prática deliberada está associado a um desempenho especializado em uma variedade de áreas profissionais, como medicina, esportes, música, xadrez, programação de computadores e matemática (Ericsson et al., 2018). As pessoas podem associar a prática deliberada à amplamente conhecida "regra das 10 mil horas", popularizada por Malcolm Gladwell no seu livro de 2008, *Outliers*, embora o número real de horas necessárias para atingir *expertise* varie entre as áreas e os indivíduos (Ericsson & Pool, 2016). Isso, no entanto, perpetuou dois mal-entendidos – primeiro, que esse é o número de horas

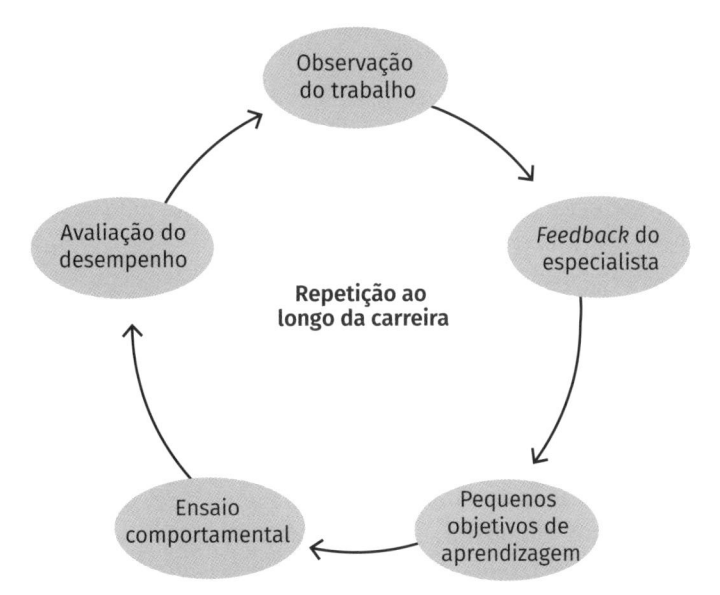

FIGURA 1.1 Ciclo da prática deliberada.
Fonte: *Deliberate Practice in Emotion-Focused Therapy* (p. 7), R. N. Goldman, A. Vaz e T. Rousmaniere, 2021, American Psychological Association (https://doi.org/10.1037/0000227-000).
Copyright 2021 by the American Psychological Association.

de prática deliberada que todos precisam para atingir *expertise*, independentemente do domínio. Na verdade, pode haver uma variabilidade considerável no número de horas necessárias. O segundo mal-entendido é que o engajamento em 10 mil horas de desempenho profissional levará a pessoa a se tornar um especialista nesse domínio. Esse mal-entendido tem importância considerável para o campo da psicoterapia, onde as horas de experiência de trabalho com clientes tradicionalmente têm sido usadas como uma medida de proficiência (Rousmaniere, 2016). Pesquisas sugerem que a quantidade de experiência por si só não prediz a eficácia do terapeuta (Goldberg, Babins-Wagner, et al., 2016; Goldberg, Rousmaniere, et al., 2016). É possível que a qualidade da prática deliberada seja um fator-chave.

Os estudiosos da psicoterapia, reconhecendo o valor da prática deliberada em outros campos, defenderam recentemente que ela fosse incorporada à formação de profissionais de saúde mental (p. ex., Bailey & Ogles, 2019; Hill et al., 2020; Rousmaniere et al., 2017; Taylor & Neimeyer, 2017; Tracey et al., 2015). Existem, no entanto, boas razões para questionar as analogias feitas entre a psicoterapia e outros campos profissionais, como esportes ou música, porque, em comparação, a psicoterapia é muito complexa e de formato variável. O esporte tem objetivos claramente definidos e a música clássica segue uma partitura escrita. Por outro lado, os objetivos da psicoterapia mudam com a apresentação única de cada cliente a cada sessão. Os terapeutas não podem se dar ao luxo de seguir uma partitura.

Em vez disso, uma boa psicoterapia tem mais semelhança com o *jazz* improvisado (Noa Kageyama, como citado em Rousmaniere, 2016). Nas improvisações de *jazz*, uma mistura complexa de colaboração em grupo, criatividade e interação é coconstruída entre os membros da banda. Assim como a psicoterapia, não há duas improvisações de *jazz* idênticas. No entanto, as improvisações não são um conjunto aleatório de notas. Elas são baseadas em uma compreensão teórica abrangente e em uma proficiência técnica que só é desenvolvida por meio da prática deliberada contínua. Por exemplo, o proeminente instrutor de *jazz* Jerry Coker (1990) enumera 18 áreas de habilidade que os estudantes devem dominar, cada qual com múltiplas habilidades distintas, incluindo qualidade de tom, intervalos, arpejos de acordes, escalas, padrões e arranjos. Nesse sentido, as improvisações mais criativas e artísticas são, na verdade, um reflexo de um compromisso prévio com a prática repetitiva e a aquisição de habilidades. Como disse o lendário músico de *jazz* Miles Davis, "Você precisa tocar por muito tempo para ser capaz de tocar como você mesmo" (Cook, 2005).

A ideia principal que gostaríamos de sublinhar aqui é que queremos que a prática deliberada ajude os terapeutas do esquema a se tornarem eles mesmos. O propósito é aprender as habilidades de modo que você as tenha à mão quando quiser. Pratique as habilidades para as tornar suas. Incorpore aqueles aspectos que parecem adequados para você. A prática deliberada contínua e dedicada não deve ser um impedimento à flexibilidade e à criatividade. Idealmente, ela deve melhorá-las. Reconhecemos e celebramos o fato de a psicoterapia ser um encontro em constante mudança e não queremos, de forma alguma, que ela pareça ou se torne estereotipada. Os bons terapeutas do esquema misturam uma integração eloquente de habilidades previamente adquiridas com uma flexibilidade devidamente sintonizada. As respostas centrais da TE apresentadas são entendidas como modelos ou possibilidades, em vez de "respostas". Por favor, interprete-as e aplique-as como achar melhor e de uma forma que faça sentido para você. Encorajamos a flexibilidade e a improvisação!

Aprendizagem do domínio baseada na simulação

A prática deliberada utiliza a aprendizagem do domínio baseada na simulação (Ericsson, 2004; McGaghie et al., 2014). Isto é, o material de estímulo para treinamento consiste em "situações sociais inventadas que simulam problemas, eventos ou condições que surgem em encontros profissionais" (McGaghie et al., 2014, p. 375). Um componente-chave dessa abordagem é que os estímulos que estão sendo usados no treinamento sejam suficientemente semelhantes às experiências do mundo real para provocarem reações similares. Isso facilita a *aprendizagem dependente do estado*, em que os profissionais adquirem habilidades no mesmo ambiente psicológico em que as executarão (Fisher & Craik, 1977; Smith, 1979). Por exemplo, os pilotos treinam com simuladores de voo que apresentam falhas mecânicas e condições climáticas perigosas, e os cirurgiões praticam com simuladores cirúrgicos que apresentam complicações médicas. O treino em simulações com estímulos desafiadores aumenta a capacidade dos profissionais para um desempenho eficiente em condições de estresse. Para os exercícios de treinamento em psicoterapia deste livro, os "simuladores" são as declarações típicas dos clientes que podem ser apresentadas no decorrer das sessões de terapia e que requerem a utilização de uma habilidade em particular.

Conhecimento declarativo *versus* conhecimento procedural

Conhecimento declarativo é o que uma pessoa pode compreender, escrever ou falar a respeito. Em geral refere-se à informação factual que pode ser conscientemente recordada por meio da memória e que com frequência é adquirida de forma relativamente rápida. Por sua vez, a aprendizagem procedural está implícita na memória e "geralmente requer a *repetição de uma atividade*, e a aprendizagem associada é demonstrada pelo *melhor desempenho da tarefa*" (Koziol & Budding, 2012, pp. 2694, ênfase acrescentada). *Conhecimento procedural* é o que uma pessoa consegue realizar, especialmente sob estresse (Squire, 2004). Pode haver uma grande diferença entre seu conhecimento declarativo e procedural. Por exemplo, um "jogador de sofá" é uma pessoa que compreende e fala bem sobre esportes, mas teria dificuldades para praticá-los em um nível profissional. Igualmente, a maior parte dos críticos de dança, música ou teatro tem uma grande capacidade para escrever sobre os seus temas, mas ficariam atordoados se lhes fosse pedido que os desempenhassem.

O ponto ideal para a prática deliberada é a lacuna entre o conhecimento declarativo e o procedural. Em outras palavras, a prática dedicada deve visar aquelas habilidades sobre as quais o aprendiz consegue escrever um bom artigo, mas que teria dificuldades para executar com um cliente real. Começamos com o conhecimento declarativo, aprendendo as habilidades teoricamente e observando outras pessoas executá-las. Uma vez aprendidas, com a ajuda da prática deliberada, trabalhamos para o desenvolvimento da aprendizagem procedural, com o objetivo de os terapeutas terem acesso "automático" a cada uma das habilidades que eles podem lançar mão quando necessário. Agora vamos nos voltar para a fundamentação teórica da TE para ajudar a contextualizar as habilidades do livro e a forma como se encaixam no modelo de treinamento mais abrangente.

VISÃO GERAL DA TERAPIA DO ESQUEMA

A TE, informada e compatível com a teoria da psicologia do desenvolvimento e com a pesquisa sobre apego (resumida em Cassidy & Shaver, 1999) e neurobiologia interpessoal (Siegel, 1999), é única em sua integração estratégica de intervenções experienciais, cognitivas e comportamentais de quebra de padrões, em oposição às abordagens ecléticas gerais. A abordagem integrativa da TE pode explicar os tamanhos de efeito significativos em estudos de resultados de tratamentos individuais e em grupo (p. ex., Farrell et al., 2009; Giesen-Bloo et al., 2006). Estes estudos demonstraram uma redução dos sintomas, melhor funcionamento global e alterações significativas e sustentáveis da personalidade.

Conceitos básicos

A TE propõe que as dificuldades na vida adulta podem estar ligadas a necessidades emocionais básicas não atendidas na infância, identificadas da seguinte forma:

- apego seguro/conexão com os outros (inclui afeto, empatia, segurança, estabilidade, cuidados e aceitação);
- apoio à autonomia, competência e sentido de identidade;
- liberdade e assertividade para expressar necessidades válidas, pensamentos, opiniões e emoções, espontaneidade e ludicidade;
- limites realistas e autocontrole.

Os *esquemas iniciais desadaptativos* (EIDs) – os traços de personalidade que incluem "verdades" desadaptativas (crenças sobre nós mesmos, sobre o mundo e sobre nossas relações com as outras pessoas) não contestadas e rigidamente enraizadas – podem formar-se em resposta a essas necessidades não atendidas, carregando emoções intensas, crenças rígidas e sensações corporais. Também podem se formar impulsos para reação, quando desencadeados por condições que se assemelham a experiências no início da vida, para desligar a dor insuportável associada à ativação dos EIDs.

Os transtornos psicológicos podem ser descritos e compreendidos em termos do funcionamento de esquemas e modos. O conceito de modos oferece ao cliente e ao clínico uma linguagem de fácil utilização para identificação desses padrões de comportamento autodestrutivos. Agressão, hostilidade, manipulação, dominância, busca de aprovação, busca de estimulação, abuso de substâncias, conformidade excessiva, dependência, autossuficiência excessiva, compulsividade, inibição, isolamento social e evitação emocional, bem como o modo crítico internalizado exigente/punitivo, podem ser entendidos em termos de modos como respostas autodestrutivas à ativação de esquemas ou como mensagens internalizadas de autocrítica, autoexigência ou autopunição. Os clientes que sofrem de transtornos da personalidade severos mudam de modo mais frequentemente devido a uma maior sensibilidade aos ativadores ambientais, interpessoais e intrapessoais, causando mudanças comportamentais repentinas e reações excessivamente intensas. Os modos também podem permanecer rigidamente enraizados como formas de ser predefinidas, como no caso de muitos clientes evitativos.

Os EIDs são considerados resultantes das interações entre as necessidades básicas não atendidas na infância, o temperamento e outras experiências ambientais iniciais – natureza e criação. Eles se tornam as formas implicitamente orientadas de se relacionar com o mundo sob condições específicas e familiares – ou seja, um modelo de vida e uma noção de como o mundo funciona. Os 18 EIDs identificados por Young, que são apresentados no Apêndice C, baseiam-se em hipóteses de necessidades básicas da infância (Young et al., 2003). A definição de EID na TE é mais ampla do que a da terapia cognitivo-comportamental, pois inclui memórias, sensações corporais, emoções e cognições. Esses esquemas são formados na infância e na adolescência e se desenvolvem até a idade adulta. Os EIDs são mantidos porque filtram novas experiências, tanto internas quanto externas, e distorcem o seu significado para confirmar os EIDs. As respostas dos EIDs podem ter sido adaptativas no início da vida (p. ex., os modos de enfrentamento são versões das respostas de sobrevivência de luta, fuga ou paralisação), mas na idade adulta são desadaptativas e interferem no atendimento das necessidades das pessoas. Os EIDs tornam-se crenças centrais e regras pouco saudáveis que a pessoa aceita incondicionalmente. Embora latentes, são facilmente acessados quando ativados por estímulos internos (memória implícita e sistema sensorial) ou externos (p. ex., interações com os outros, certas imagens, sons, cheiros).

Modos esquemáticos foram definidos por Young et al. (2003) como "o estado emocional, cognitivo, comportamental e neurobiológico atual que uma pessoa experimenta" (p. 43). Eles podem ser vistos como partes do *self* que são acionadas quando os EIDs são ativados. Young et al. descreveram quatro tipos de modos: modo adulto saudável, modo crítico internalizado exigente/punitivo, modos de enfrentamento desadaptativo e modos criança (descritos no Apêndice C).

Os objetivos da terapia do esquema em termos dos modos

Este livro apresenta 12 habilidades centrais da TE. É importante considerar a relevância delas para alcançar os objetivos de tratamento da TE. O objetivo principal é construir e fortalecer o modo adulto saudável para permitir que uma pessoa tenha uma vida emocionalmente saudável e feliz. Fortalecer o modo adulto saudável significa que o indivíduo ganha maior acesso à consciência atenta e empática, à tomada de decisão cuidadosa e ponderada e às habilidades adaptativas quando os modos disfuncionais são ativados. Nas fases iniciais da TE, esses são os objetivos do terapeuta, que são vistos como parte da reparentalização limitada. No estágio da autonomia, estes se tornam os objetivos do modo adulto saudável do cliente.

1. Cuidar do modo criança vulnerável. Essa é uma função da parte do "bom pai" internalizado do modo adulto saudável.
2. Desenvolver a consciência dos modos de enfrentamento desadaptativo para ser capaz de escolher respostas mais eficazes que atendam à necessidade presente sem resultados negativos.
3. Compreender e canalizar as reações do modo criança zangada ou impulsiva/indisciplinada para formas assertivas e eficazes de ter suas necessidades atendidas.
4. Reduzir o poder e o controle do modo crítico internalizado exigente/punitivo e desenvolver formas de se motivar positivamente, aceitando os erros como parte do processo de aprendizagem e assumindo a responsabilidade por eles. Isso inclui estabelecer expectativas e padrões razoáveis.
5. Ser capaz de evocar o modo criança feliz para poder aproveitar as oportunidades de alegria e ludicidade.
6. Ser capaz de acessar a competência do modo adulto saudável.

Os estágios da terapia do esquema

O curso da TE geralmente tem três estágios: vínculo e regulação emocional, mudança de modo e autonomia (Young et al., 2003). A ordem desses estágios varia, sendo determinada pelo cliente específico e pelo terapeuta. O Quadro 1.2 apresenta a relação entre os estágios da TE, os quatro componentes principais da TE (descritos na próxima seção) e as habilidades da prática deliberada da TE do Quadro 1.1.

QUADRO 1.2 As 12 habilidades em relação aos estágios da terapia do esquema

Componente da terapia do esquema	Habilidade da prática deliberada
Vínculo e regulação emocional	
Reparentalização limitada	Habilidade 1. Compreensão e sintonia
	Habilidade 3. Educação sobre esquemas: começando a entender os problemas atuais em termos da terapia do esquema
	Habilidade 4. Relacionando necessidades não atendidas, esquema e problema atual
Mudança de modo	
Consciência do modo	Habilidade 5. Educação sobre modos esquemáticos desadaptativos
	Habilidade 6. Reconhecendo as mudanças de modo dos modos de enfrentamento desadaptativo
	Habilidade 7. Identificando a presença do modo crítico internalizado exigente/punitivo
	Habilidade 8. Identificando a presença dos modos criança zangada e criança vulnerável
Reparentalização limitada, cura do modo	Habilidade 9. Reparentalização limitada para os modos criança zangada e criança vulnerável
	Habilidade 10. Reparentalização limitada para o modo crítico internalizado exigente/punitivo
	Habilidade 11. Reparentalização limitada para os modos de enfrentamento desadaptativo: confrontação empática
Autonomia	
Manejo do modo	Habilidade 2. Apoiando e reforçando o modo adulto saudável
	Habilidade 12. Implementando a quebra de padrões comportamentais por meio de tarefas de casa

Nota: as linhas em cinza representam os três estágios da TE. Cada um deles contém um ou mais dos quatro componentes da TE: reparentalização limitada, consciência de modo, cura do modo e manejo do modo.

Os quatro componentes principais das intervenções da terapia do esquema

Reparentalização limitada

Reparentalização limitada é tanto o papel do terapeuta quanto uma intervenção de tratamento. É considerada parte integrante do processo de mudança na TE e proporciona experiências emocionais corretivas, as quais são essenciais para curar os EIDs e fornecem uma base na experiência de ter as necessidades atendidas. Essa base permite a formação de crenças nucleares mais positivas e adaptativas. Na reparentalização limitada, o terapeuta serve como modelo de como fazer escolhas ativas de comportamentos saudáveis e adaptativos para reduzir o uso de comportamentos do modo de enfrentamento desadaptativo. A reparentalização limitada fornece respostas e mensagens de "bom pai" para reduzir o poder do modo crítico internalizado exigente/punitivo. Em resumo, um terapeuta do esquema atende as necessidades do cliente como um bom pai faria, restringindo-se aos limites éticos da terapia. No papel da reparentalização limitada, o terapeuta do esquema oferece segurança, compreensão e conforto para o modo criança vulnerável; ouve e reconhece as necessidades da criança zangada; e confronta e estabelece limites saudáveis para o modo da criança impulsiva ou indisciplinada. Os clientes no modo criança vulnerável precisam de um terapeuta "bom pai" que use as palavras e o tom de voz de um pai falando com uma criança pequena que está solitária, assustada, triste e assim por diante. Os terapeutas do esquema tornam-se defensores firmes e resolutos da criança vulnerável, identificando e confrontando modos de enfrentamento desadaptativo ou modos críticos internalizados e empatizando com os sentimentos e necessidades subjacentes ao modo, enquanto questionam se a ação tomada é eficaz. Os clientes com transtornos da personalidade ou traumas complexos requerem essa reparentalização ativa na fase inicial do tratamento porque estão frequentemente em modos criança e têm um modo adulto saudável subdesenvolvido.

À medida que os modos saudáveis do cliente se desenvolvem, o terapeuta muda, colocando-se no papel de um agente de reparentalização saudável para um adolescente ou um modelo saudável para o adulto em desenvolvimento. Os clientes ainda precisarão de conexão com o terapeuta na fase posterior do tratamento, mas podem fazer a maior parte da sua "reparentalização" a partir do que internalizaram em seu adulto saudável mais desenvolvido e fortalecido (Younan et al., 2018). Os terapeutas do esquema estão empenhados em reconhecer que as estratégias, incluindo o uso da linguagem, o nível de sofisticação e o tempo/ritmo de aplicação da estratégia, devem levar em conta e ser consistentes com as capacidades de desenvolvimento do cliente, os desafios da comorbidade e quaisquer questões de risco.

A reparentalização limitada e adaptativa começa com uma avaliação robusta e uma conceitualização do esquema que informam os objetivos e estratégias de tratamento. O terapeuta está em uma relação ativa, de apoio e autêntica com o cliente que oferece uma conexão segura e uma realidade humana desprovida de jargão terapêutico e postura hierárquica. O cliente é bem-vindo para expressar sua vulnerabilidade – emoções e necessidades. A relação terapêutica, embora limitada, preenche as lacunas críticas no atendimento das necessidades por meio da modelagem e espelhamento e de formas reimaginadas de experienciar apego seguro; idealmente, o cliente sente-se valorizado e merecedor, muitas vezes pela primeira vez. Inicialmente, o terapeuta fornece garantias frequentes e enfatizadas sobre valor, segurança, estabilidade, proteção, aceitação, empatia, apoio, defesa e identidade do cliente. A relação terapêutica ajuda os clientes a aprenderem a atender suas necessidades de forma eficaz, melhorando as habilidades interpessoais e atingindo autonomia, ao mesmo tempo sendo capazes de manter uma conexão saudável. A abordagem da TE para atender às necessidades dentro dos limites profissionais é muito diferente da abordagem da maioria dos outros modelos terapêuticos, que presumem um modo adulto mais saudável e mais habilidades do que os clientes têm e focam muito cedo em que os clientes atendam às próprias necessidades quando eles nunca tiveram a experiência de as terem atendidas. Os exercícios 1, 2, 3, 4, 9, 10 e 11 incluem aspectos de reparentalização limitada.

Consciência do modo

A *consciência do modo* usualmente é o primeiro passo no estágio de mudança de modo no tratamento. Essas intervenções são essencialmente cognitivas. O trabalho de consciência do modo ensina o cliente a notar quando um modo é ativado, identificar o esquema subjacente ativado e a necessidade presente (veja o Apêndice C para mais detalhes sobre a relação entre as experiências do modo esquemático e as necessidades subjacentes não atendidas). Os clientes tornam-se capazes de identificar seus pensamentos, sentimentos, sensações físicas e memórias quando um modo está presente. Eles aprendem a relacionar suas reações no presente com experiências da infância com base nas quais os EIDs e os modos se formaram. Quando os clientes conectam a sua situação atual às memórias da infância, eles compreendem melhor as raízes dos seus esquemas e modos (Farrell et al., 2014). A consciência do modo é necessária para que o cliente faça uma escolha deliberada entre permitir que um modo continue ou se conectar com seu modo adulto saudável e suas habilidades. Os exercícios 6, 7 e 8 focam no componente de consciência do humor da TE.

Manejo do modo

As habilidades de *manejo do modo* fazem uso da consciência do modo para escolher respostas mais eficazes. A consciência do modo deve estar presente para a mudança de modo, mas não é suficiente. O cliente e o terapeuta avaliam se a resposta do modo desadaptativo irá atender à sua necessidade atual ou se uma ação diferente será mais eficaz. No trabalho de manejo do modo, é desenvolvido e implementado um plano alternativo e mais eficaz para atender a necessidade. O componente de manejo dos modos da TE inclui técnicas cognitivas, comportamentais e experienciais. O terapeuta identifica e desafia as barreiras do cliente à mudança, tais como ações, distorções cognitivas ou crenças que mantêm o comportamento no modo desadaptativo. Os planos de manejo do modo são um método poderoso para levar o trabalho de quebra dos padrões comportamentais da TE para fora da sala de terapia e para a vida cotidiana do cliente (Farrell et al., 2018). Existem elementos do componente de manejo dos modos nos exercícios 2 e 12. Em geral, boa parte desse trabalho está no terceiro estágio da TE.

Cura dos modos

A *cura dos modos* envolve o trabalho experiencial com os modos, que começa com as experiências emocionais corretivas da relação terapêutica (p. ex., reparentalização limitada), e depois passa a incluir imagens visuais, reescrita da imagem mental, diálogos entre os modos, *role-plays* de modo e trabalho criativo para simbolizar experiências positivas. Essas intervenções da TE são concebidas para atingir profundamente os níveis emocionais e somáticos da consciência focando as experiências iniciais e a reescrita de experiências, o que pode levar a níveis de mudança sustentáveis. As habilidades dos exercícios 9, 10 e 11 fazem parte do componente de cura dos modos. Os métodos para a cura dos modos podem ser criativos e simbólicos, como o uso de arte ou material escrito para facilitar a recordação do cliente e a revivência emocional de eventos que contradizem os esquemas (Farrell et al., 2014).

A conceitualização de caso na terapia do esquema

A TE é guiada por uma conceitualização de caso abrangente, que orienta o trabalho e identifica os esquemas, modos e necessidades não atendidas do cliente. A conceitualização de caso na TE (o *download* por ser feito em https://schematherapysociety.org/conceptualization-form) oferece uma avaliação mutuamente acordada entre o terapeuta e o cliente sobre como os desafios atuais da vida e a falta de satisfação podem estar associados a esquemas e modos, fornecendo um roteiro terapêutico para formular e navegar um plano de tratamento ponderado. A conceitualização da TE também inclui a avaliação do terapeuta sobre a relação terapêutica, incluindo uma apreciação do processo paralelo de observações e respostas comportamentais do terapeuta/cliente, momento a momento, durante a sessão, e os sentimentos pessoais do terapeuta sobre o cliente. Cada habilidade deste livro tem como alvo um esquema ou um modo, muitas vezes ambos, e é concebida como um passo na realização de um dos objetivos do tratamento para o cliente em questão. Para uma visão geral de alguns dos principais conceitos da TE, veja o Apêndice C.

A base de evidências da terapia do esquema

A base de evidências para a eficácia da TE inclui vários ensaios controlados randomizados de TE individual e em grupo para transtornos da personalidade *borderline*, evitativa e dependente; transtorno de estresse pós-traumático; trauma complexo; transtorno dissociativo de identidade; transtornos alimentares; e depressão crônica (resumido em Farrell & Shaw, 2022). A eficácia da TE relatada nesses estudos inclui diminuição dos sintomas psiquiátricos, bem como melhora da função e da qualidade de vida. Clientes e terapeutas preferiram os métodos da TE aos de outros modelos em estudos qualitativos (de Klerk et al., 2017).

O PAPEL DA PRÁTICA DELIBERADA NO TREINAMENTO NA TERAPIA DO ESQUEMA

O treinamento na TE já inclui uma quantidade significativa de prática diádica; 15 das 40 horas de treinamento básico exigidas para a certificação internacional em TE devem ser diádicas. A importância da prática de habilidades clínicas recebeu apoio empírico de um estudo que investigou o papel da prática na produção de terapeutas do esquema eficazes. Bamelis et al. (2014) descobriram que os terapeutas treinados com foco na prática (p. ex., *role-plays* de técnicas específicas com *feedback* imediato) estavam mais bem equipados para aplicar técnicas com clientes reais do que aqueles que seguiram apenas o treinamento baseado em aulas expositivas.

Acreditamos que a abordagem da prática deliberada, que inclui a identificação de micro-habilidades essenciais, o encorajamento dos profissionais a monitorar os resultados dos seus clientes e um sistema de prática concebido para manter os terapeutas na zona de desenvolvimento proximal, é consistente com a abordagem de treinamento na TE e deve aprimorar nossos programas de treinamento atuais. O objetivo da prática deliberada de apoiar os terapeutas a adquirirem as habilidades é consistente com a autenticidade e flexibilidade que a TE eficaz exige.

UMA NOTA SOBRE O TOM DE VOZ E A POSTURA CORPORAL

O treinamento na TE enfatiza a necessidade de prestar atenção às pistas não verbais e paralinguísticas expressas tanto pelo cliente quanto pelo terapeuta. A TE efetiva envolve a leitura cuidadosa, momento a momento, que o terapeuta faz da comunicação do cliente, expressa verbalmente e não verbalmente. O terapeuta, por sua vez, é treinado para estar consciente do seu próprio tom de voz, expressão facial e postura corporal para transmitir atitudes de cordialidade, empatia, curiosidade genuína e abertura, por meio das suas respostas momento a momento. Para cada habilidade da TE abordada neste livro, os terapeutas devem estar atentos e praticar suas qualidades interpessoais não verbais, como o tom de voz e a postura corporal. Além disso, é útil para os alunos da TE assistirem a exemplos gravados de especialistas em TE realizando terapia para que possam observar esses princípios-chave em ação.

VISÃO GERAL DA ESTRUTURA DO LIVRO

Este livro está organizado em três partes. A Parte I contém este capítulo e o Capítulo 2, que fornece instruções básicas sobre como realizar os exercícios. Por meio de testes, descobrimos que dar instruções excessivas logo no início sobrecarregava os instrutores e os aprendizes, que, em consequência, acabavam ignorando-as. Portanto, mantivemos essas instruções tão breves e simples quanto possível para nos concentrarmos apenas nas informações mais essenciais que os instrutores e aprendizes precisarão para começar a fazer os exercícios. Outras diretrizes para tirar o máximo proveito da prática deliberada são fornecidas no Capítulo 3, e instruções adicionais para monitorar e ajustar a dificuldade dos exercícios são fornecidas no Apêndice A. **Não pule as instruções do Capítulo 2 e não deixe de ler as diretrizes e instruções adicionais no Capítulo 3 e no Apêndice A depois que se sentir confortável com as instruções básicas.**

A Parte II contém 12 exercícios focados em habilidades, que são ordenados com base em seu grau de dificuldade: iniciante, intermediário e avançado (veja o Quadro 1.1). Cada um contém uma breve visão geral do exercício, exemplos de interações cliente-terapeuta para ajudar a orientar os aprendizes, instruções passo a passo para conduzir o exercício e uma lista dos critérios para dominar a habilidade relevante. Em seguida, são apresentadas as declarações dos clientes e exemplos de respostas do terapeuta, também organizados pelo grau dificuldade (iniciante, intermediário e avançado). As afirmações e as respostas são apresentadas separadamente para que o aprendiz que faz o papel de terapeuta tenha mais liberdade para improvisar respostas sem ser influenciado pelos exemplos, que só devem ser usados se o aprendiz tiver dificuldade para compor suas próprias respostas. Os dois últimos exercícios da Parte II oferecem oportunidades de praticar as 12 habilidades dentro de sessões simuladas de psicoterapia. O exercício 13 fornece um exemplo de transcrição de uma sessão de psicoterapia em que as habilidades da TE são usadas e claramente rotuladas, demonstrando, assim, como elas podem fluir juntas em uma sessão real. Os aprendizes são convidados a analisar o exemplo de transcrição, com um deles fazendo o papel de terapeuta e o outro no papel de cliente para que tenham uma noção de como uma sessão se pode desenrolar. O exercício 14 oferece sugestões para a realização de sessões simuladas, bem como perfis de clientes ordenados por dificuldade (iniciante, intermediária e avançada) que os aprendizes podem usar para *role-plays* improvisados.

A Parte III contém o Capítulo 3, que fornece orientações adicionais para os instrutores e os aprendizes. Enquanto o Capítulo 2 é mais procedural, o Capítulo 3 abrange questões de caráter geral. Ele destaca seis pontos-chave para tirar o máximo proveito da prática deliberada e descreve a importância de uma responsividade apropriada, da atenção ao bem-estar do aprendiz e respeito à sua privacidade, e da autoavaliação do instrutor, entre outros tópicos.

Quatro apêndices concluem este livro. O Apêndice A fornece instruções para monitorar e ajustar a dificuldade de cada exercício, conforme necessário. Ele fornece um Formulário de reação à prática deliberada a ser preenchido pelo aprendiz no papel de terapeuta, indicando se os exercícios são fáceis ou difíceis demais. O Apêndice B inclui um Formulário diário da prática deliberada, que fornece um formato para os aprendizes explorarem e registrarem suas experiências enquanto se engajam na prática deliberada. O Apêndice C contém uma revisão dos conceitos-chave da TE que os aprendizes podem estudar para orientar a sua prática quando fizerem os exercícios deste livro. O Apêndice D apresenta um exemplo de programa demonstrando como os 14 exercícios de prática deliberada e outros materiais de apoio podem ser integrados a um curso de treinamento em TE mais abrangente. Os instrutores podem optar por modificar o programa ou escolher elementos para integrar aos seus próprios cursos.

Versões para *download* dos apêndices deste livro, incluindo uma versão em cores do Formulário de reação à prática deliberada, estão disponíveis no material complementar do livro em loja.grupoa.com.br.

2

Instruções para os exercícios de prática deliberada em terapia do esquema

Este capítulo fornece instruções básicas que são comuns a todos os exercícios neste livro. São fornecidas instruções mais específicas em cada exercício. O Capítulo 3 também fornece orientações importantes para os aprendizes e instrutores que os ajudarão a obter o máximo da prática deliberada. O Apêndice A fornece instruções adicionais para monitorar e ajustar a dificuldade dos exercícios, conforme necessário, depois de examinar todas as afirmações do cliente em um nível de dificuldade, incluindo um Formulário de reação à prática deliberada que o aprendiz no papel de terapeuta pode preencher para indicar se achou as afirmações muito fáceis ou muito difíceis. **A avaliação da dificuldade é uma parte importante do processo de prática deliberada e não deve ser ignorada.**

VISÃO GERAL

Os exercícios de prática deliberada envolvem *role-plays* de situações hipotéticas na terapia. O *role-play* envolve três pessoas: um aprendiz que faz o papel de terapeuta, outro que faz o papel de cliente e um instrutor (professor/supervisor) que observa e dá *feedback*. Como alternativa, um colega pode observar e dar *feedback*.

Este livro fornece um roteiro para cada *role-play*, cada um com uma declaração do cliente e um exemplo de resposta do terapeuta. As afirmações do cliente são classificadas quanto ao grau de dificuldade, desde iniciante até avançado, embora esses graus de dificuldade sejam apenas estimativas. A percepção real da dificuldade das afirmações do cliente é subjetiva e varia muito de acordo com o aprendiz. Por exemplo, alguns aprendizes podem achar que um estímulo de um cliente zangado é fácil de responder, ao passo que outros podem achar muito difícil. Assim, é importante que os aprendizes façam avaliações e ajustes da dificuldade para garantir que estão praticando no nível de dificuldade correto: nem fácil demais nem difícil demais.

DURAÇÃO

Recomendamos um bloco de tempo de 90 minutos para cada exercício, estruturado aproximadamente da seguinte maneira:

- Primeiros 20 minutos: orientação – o instrutor explica a habilidade da TE e demonstra o procedimento do exercício com um voluntário entre os aprendizes.
- 50 minutos intermediários: os aprendizes realizam o exercício em duplas. O instrutor ou um colega fornece *feedback* durante todo esse processo e monitora ou ajusta a dificuldade do exercício, conforme necessário, após cada conjunto de declarações (veja o Apêndice A para obter mais informações sobre a avaliação da dificuldade).
- 20 minutos finais: revisão, *feedback* e discussão.

PREPARAÇÃO

1. Cada aprendiz precisará do seu próprio exemplar deste livro.
2. Cada exercício requer que o instrutor preencha um Formulário de reação à prática deliberada, depois de completar todas as declarações de um nível de dificuldade. Esse formulário está disponível no material complementar do livro em loja.grupoa.com.br e no Apêndice A.
3. Os aprendizes são agrupados em duplas. Um deles é voluntário para desempenhar o papel de terapeuta e outro, o papel de cliente (eles trocarão de papéis após 15 minutos de prática). Como mencionado anteriormente, um observador, que poderá ser o instrutor ou um colega, trabalhará com cada dupla.

O PAPEL DO INSTRUTOR

As principais responsabilidades do instrutor são:

1. fornecer *feedback* corretivo, que inclui informações sobre o quanto a resposta dos aprendizes correspondeu aos critérios esperados, e qualquer orientação necessária sobre como melhorar a resposta;
2. lembrar os aprendizes de fazerem avaliações da dificuldade e os ajustes depois que cada nível de declarações do cliente (inicial, intermediário e avançado) for concluído.

COMO PRATICAR

Cada exercício inclui suas próprias instruções passo a passo. Os aprendizes devem seguir essas instruções cuidadosamente, pois cada passo é importante.

CRITÉRIOS DA HABILIDADE

Cada um dos 12 primeiros exercícios se concentra em uma competência essencial da TE com dois a quatro critérios da habilidade que descrevem os componentes ou princípios importantes para essa habilidade.

O objetivo do *role-play* é que os aprendizes pratiquem a improvisação de respostas à declaração do cliente de uma forma que (a) esteja em sintonia com o cliente, (b) cumpra os critérios da habilidade tanto quanto possível, e (c) seja autêntica para o aprendiz. Os aprendizes recebem roteiros com exemplos de respostas do terapeuta para lhes dar uma noção de como incorporar os critérios da habilidade a uma resposta. **É importante, no entanto, que os aprendizes não leiam palavra por palavra as respostas dos exemplos nos *role-plays*!** A terapia é altamente pessoal e improvisada; o objetivo da prática deliberada é desenvolver a capacidade dos aprendizes de improvisar dentro de uma estrutura consistente. A memorização de respostas escritas seria contraproducente para que os aprendizes aprendessem a realizar uma terapia que seja responsiva, autêntica e sintonizada com cada cliente individual.

Wendy Behary e Joan Farrell escreveram os roteiros dos exemplos de respostas. No entanto, o estilo pessoal de terapia dos aprendizes pode diferir ligeira ou significativamente do estilo apresentado nos roteiros dos exemplos. É essencial que, com o tempo, os aprendizes desenvolvam seu próprio estilo e voz, ao mesmo tempo em que sejam capazes de intervir de acordo com os princípios e estratégias do modelo. Para facilitar esse processo, os exercícios deste livro foram concebidos de forma a maximizar as oportunidades de respostas improvisadas, informadas pelos critérios da habilidade e pelo *feedback* contínuo. Os aprendizes notarão que algumas das respostas nos roteiros não satisfazem todos os critérios da habilidade: elas são fornecidas como exemplos da aplicação flexível das habilidades da TE de forma a priorizar a sintonia com o cliente.

REVISÃO, *FEEDBACK* E DISCUSSÃO

A sequência de revisão e *feedback* após cada *role-play* tem estes dois elementos:

- Em primeiro lugar, o aprendiz que fez o papel de cliente compartilha **brevemente** como se sentiu ao receber a resposta do terapeuta. Isso pode ajudar a avaliar o quanto os aprendizes estão sintonizados com o cliente.
- Em segundo lugar, o instrutor fornece um *feedback* **breve** (menos de 1 minuto) baseado nos critérios da habilidade para cada exercício. Mantenha o *feedback* específico, comportamental e breve para preservar o tempo para o ensaio das habilidades. Se um instrutor estiver ensinando várias duplas de aprendizes, ele circula pela sala, observando as duplas e oferecendo um breve *feedback*. Quando o instrutor não estiver disponível, o aprendiz que está fazendo o papel

de cliente dá *feedback* para o colega terapeuta com base nos critérios da habilidade e em como ele se sentiu ao receber a intervenção. Como alternativa, um terceiro aprendiz pode observar e dar *feedback*.

Os instrutores (ou pares) devem lembrar-se de manter o *feedback* específico e breve e não se desviar para discussões de teoria. Há muitos outros contextos para uma discussão ampliada da teoria e pesquisa da TE. Na prática deliberada, é de extrema importância maximizar o tempo para ensaios comportamentais contínuos por meio de *role-plays*.

AVALIAÇÃO FINAL

Depois que os dois aprendizes representaram o papel de cliente e de terapeuta, o instrutor faz uma avaliação. Os participantes devem se engajar em uma breve discussão em grupo com base nessa avaliação, o que pode fornecer ideias sobre onde focar a tarefa de casa e futuras sessões de prática deliberada. Para esse fim, o Apêndice B apresenta um Formulário diário de prática deliberada, disponível para *download* no material complementar do livro em loja.grupoa.com.br. O formulário pode ser utilizado como parte da avaliação final para ajudar os aprendizes a processarem suas experiências nessa sessão com o supervisor. No entanto, ele foi concebido essencialmente para ser utilizado pelos aprendizes como um modelo para explorar e registrar seus pensamentos e experiências entre as sessões, particularmente quando são realizadas atividades adicionais de prática deliberada sem o supervisor, como ensaiar respostas sozinho ou se dois aprendizes quiserem praticar os exercícios juntos – talvez com um terceiro aprendiz desempenhando o papel de supervisor. Depois, se quiserem, os aprendizes podem discutir essas experiências com o supervisor no início da sessão de treinamento seguinte.

PARTE II

Exercícios de prática deliberada para habilidades na terapia do esquema

Esta seção do livro fornece 12 exercícios de prática deliberada para as habilidades essenciais da terapia do esquema (TE). Eles estão organizados em uma sequência de desenvolvimento, desde os mais apropriados para quem está começando o treinamento em TE até aqueles que progrediram para um nível mais avançado. Apesar de prevermos que a maioria dos aprendizes usaria esses exercícios na ordem que sugerimos, alguns podem achar mais apropriado às suas circunstâncias de treinamento usar uma ordem diferente. Também fornecemos dois exercícios abrangentes que reúnem as habilidades da TE usando a transcrição de uma sessão de TE e sessões de TE simuladas.

Exercícios para habilidades de nível iniciante na terapia do esquema

Exercício 1	Compreensão e sintonia	27
Exercício 2	Apoiando e reforçando o modo adulto saudável	37
Exercício 3	Educação sobre esquemas: começando a entender os problemas atuais em termos da terapia do esquema	47
Exercício 4	Relacionando necessidades não atendidas, esquema e problema atual	57

Exercícios para habilidades de nível intermediário na terapia do esquema

Exercício 5	Educação sobre modos esquemáticos desadaptativos	69
Exercício 6	Reconhecendo as mudanças de modo dos modos de enfrentamento desadaptativo	79
Exercício 7	Identificando a presença do modo crítico internalizado exigente/punitivo	89
Exercício 8	Identificando a presença dos modos criança zangada e criança vulnerável	99

Exercícios para habilidades de nível avançado na terapia do esquema

Exercício 9	Reparentalização limitada para os modos criança zangada e criança vulnerável	109
Exercício 10	Reparentalização limitada para o modo crítico internalizado exigente/punitivo	119
Exercício 11	Reparentalização limitada para os modos de enfrentamento desadaptativo: confrontação empática	133
Exercício 12	Implementando a quebra de padrões comportamentais por meio de tarefas de casa	149

Exercícios abrangentes

Exercício 13	Transcrição anotada de sessão de prática de terapia do esquema	161
Exercício 14	Sessões de terapia do esquema simuladas	167

Exercício 1

Compreensão e sintonia

PREPARAÇÃO PARA O EXERCÍCIO 1

1. Leia as instruções no Capítulo 2.
2. Faça *download* do Formulário de reação à prática deliberada e do Formulário diário da prática deliberada disponíveis no material complementar do livro em loja.grupoa.com.br (também disponíveis nos Apêndices A e B, respectivamente).

DESCRIÇÃO DA HABILIDADE

Nível de dificuldade da habilidade: iniciante

A sintonia do terapeuta e o interesse demonstrado em compreender as experiências do cliente são fundamentais para forjar o vínculo necessário para conexão e confiança. Criar um vínculo de confiança com os clientes é essencial para a aliança terapêutica e para a experiência relacional corretiva de reparentalização limitada, que é indispensável para a TE. Existem muitos métodos que os terapeutas do esquema usam para facilitar um vínculo seguro com os clientes. Focamos aqui na compreensão e sintonia, um método amplamente utilizado durante a terapia (Bailey & Ogles, 2019).

Para este exercício, o terapeuta deve improvisar uma resposta para cada declaração do cliente seguindo esses critérios da habilidade:

1. A capacidade do terapeuta de sintonizar e empatizar é comunicada na sua compreensão expressa da "realidade interna" do cliente, refletida não só pelo que o cliente diz explicitamente como também pelo que ele comunica de forma não verbal. O terapeuta inicia suas intervenções refletindo os significados ou sentimentos centrais comunicados pelo cliente. Ele também pode expressar validação para o conteúdo (p. ex., "O que você está compartilhando é muito importante").

2. Depois de comunicar a compreensão do cliente, o terapeuta o tranquiliza, expressando seu desejo de ser útil, de que quer se certificar de que ele se sente seguro, ou fazendo convites para colaborar na terapia. Essa garantia é frequentemente uma nova experiência relacional para muitos clientes e, como tal, deve ser valorizada.

3. Ao longo desse exercício, o tom não verbal e a posição corporal do terapeuta transmitem abertura e cordialidade em relação ao cliente. Esse critério é crucial, pois os aspectos não verbais do terapeuta são essenciais para comunicar sintonia e proporcionar segurança com os clientes.

CRITÉRIOS DA HABILIDADE PARA O EXERCÍCIO 1

1. Comunicar uma compreensão empática da "realidade interna" do cliente.
2. Assegurar o cliente sobre seu desejo de entender e ser útil a ele.
3. Não verbal: usar um tom de voz suave e caloroso e movimentos leves na direção do cliente.

EXEMPLOS DE COMPREENSÃO E SINTONIA

Exemplo 1

CLIENTE: [*Nervoso*] Simplesmente não sei o que dizer. Nunca falei para ninguém sobre os meus sentimentos pessoais ou a minha história de vida. Como eu começo? Não tenho certeza se foi uma boa decisão fazer terapia. Sei que a minha mãe ficaria furiosa comigo se soubesse.

TERAPEUTA: Começar a fazer terapia é uma decisão muito importante – partilhar suas experiências de vida, suas lutas e seus pontos fortes com um estranho (Critério 1). Você vai levar algum tempo para se sentir seguro e confiante nessa relação comigo, e quero garantir que se você se sinta dessa forma nos meus cuidados. Esse é seu espaço privado, e a sua mãe não precisa saber da sua decisão de vir para a terapia (Critério 2).

Exemplo 2

CLIENTE: [*Sem emoção*] Só não quero que você pense que eu sou um derrotado patético, o que é a única coisa que você pode pensar depois que me conhecer. Bem, talvez eu lhe dê motivos para rir ou algo divertido para compartilhar com seus amigos terapeutas quando você ouvir a minha história. Ou talvez você fique entediado, como o meu último terapeuta, e se arrependa de ter concordado em trabalhar comigo.

TERAPEUTA: Lamento saber que sua última experiência foi decepcionante para você. Começar uma terapia é uma grande decisão e não é fácil. Estou feliz em atendê-lo e ansioso por conhecê-lo melhor (Critério 1). Há alguma coisa que eu possa dizer ou fazer que possa ajudá-lo a se sentir mais seguro nessa relação? Talvez em relação à privacidade desses encontros, ou sobre os meus pensamentos e sentimentos quando você compartilha comigo as suas experiências e necessidades? É importante para mim que você se sinta respeitado nesse espaço (Critério 2).

Exemplo 3

CLIENTE: [*Ansioso*] Eu sei que é uma sessão de apenas 50 minutos e que provavelmente vou precisar de mil sessões, mas tenho de desabafar imediatamente. Então, estava voltando do refeitório no trabalho quando fui abordado pela minha supervisora, que imediatamente me lançou um olhar como se eu estivesse em apuros e, antes que ela pudesse dizer alguma coisa, comecei a chorar e fiz papel de bobo. Odeio o meu trabalho. Não consigo fazer nada certo! Oh, poxa, eu só fico remoendo isso. Tem certeza de que você quer trabalhar comigo?

TERAPEUTA: Você tem muita coisa para compartilhar, e tudo bem. Os primeiros dias de terapia podem ser difíceis para descobrir a melhor forma de identificar os objetivos e compartilhar suas experiências (Critério 1). Eu vou ajudá-lo com isso. Você não precisa pedir desculpas por compartilhar suas experiências. Vou ajudá-lo a certificar-se de que as informações e os sentimentos que você compartilha comigo são compatíveis com a satisfação das suas necessidades (Critério 2).

INSTRUÇÕES PARA O EXERCÍCIO 1
Passo 1: *role-play* e *feedback*
• O cliente faz a primeira declaração do cliente no nível de dificuldade iniciante. O terapeuta improvisa uma resposta com base nos critérios da habilidade. • O instrutor (ou, se não estiver disponível, o cliente) fornece um breve *feedback* baseado nos critérios da habilidade. • O cliente, então, repete a mesma declaração, e o terapeuta mais uma vez improvisa uma resposta. O instrutor (ou o cliente) mais uma vez fornece um breve *feedback*.
Passo 2: repetir
• Repita o Passo 1 para todas as declarações no nível de dificuldade atual (iniciante, intermediário ou avançado).
Passo 3: avaliar e ajustar a dificuldade
• O terapeuta preenche o Formulário de reação à prática deliberada (veja o Apêndice A) e decide se deve tornar o exercício mais fácil ou mais difícil ou se deve repetir o mesmo nível de dificuldade.
Passo 4: repetir por aproximadamente 15 minutos
• Repita os passos 1 a 3 por pelo menos 15 minutos. • Os aprendizes então trocam os papéis de terapeuta e cliente e recomeçam.

> **Agora é a sua vez! Siga os passos 1 e 2 das instruções.**

Lembre-se: o objetivo do *role-play* é que os aprendizes pratiquem a improvisação das respostas às declarações do cliente de uma forma que (a) utilize os critérios da habilidade e (b) pareça autêntica para o aprendiz. **Exemplos de respostas do terapeuta para cada declaração do cliente são fornecidos no final desse exercício. Os aprendizes devem tentar improvisar suas próprias respostas antes de lerem os exemplos.**

DECLARAÇÕES DO CLIENTE NO NÍVEL INICIANTE PARA O EXERCÍCIO 1
Declaração do cliente no nível iniciante – 1
[Hesitante] Por onde começo? Nunca fiz essa coisa de terapia antes, e não quero errar na minha primeira tentativa e parecer estúpido.
Declaração do cliente no nível iniciante – 2
[Nervoso] Oh, isso é tão idiota. Não sei por que já estou com vontade de chorar. Ainda nem lhe contei nada. Isso é tão constrangedor.
Declaração do cliente no nível iniciante – 3
[Triste] Não acho que eu consiga mudar. Quero dizer, eu sei que a minha raiva é um problema, e não tenho a intenção de magoar a minha parceira. Mas não tenho esperança de mudar as minhas reações quando fico incomodado, e isso significa que vou perder o meu relacionamento.
Declaração do cliente no nível iniciante – 4
[Nervoso] Não sei como vou contar toda a minha história em uma sessão de terapia de 50 minutos! Sinto que tenho tanto para lhe contar. Você precisa ter uma imagem muito clara... e sei que provavelmente você pensa que isso é loucura, mas tenho que lhe contar tudo!
Declaração do cliente no nível iniciante – 5
[Triste] Hoje me sinto triste. Não tenho energia nenhuma. Como você segue em frente quando tem dias ruins? Esqueci que provavelmente você não pode responder a isso. Desculpe, esqueça que eu perguntei.

✋ **Avalie e ajuste a dificuldade antes de passar para o próximo nível de dificuldade (veja o passo 3 nas instruções do exercício).**

DECLARAÇÕES DO CLIENTE NO NÍVEL INTERMEDIÁRIO PARA O EXERCÍCIO 1

Declaração do cliente no nível intermediário – 1

[Confuso] Não sei o que pensar. Meu pai sempre disse que eu não deveria sonhar tão alto, mas você está dizendo que eu devo dar atenção ao que realmente quero fazer. Eu quero ir para a faculdade de medicina e tenho notas para isso, de acordo com o meu conselheiro escolar.

Declaração do cliente no nível intermediário – 2

[Ansiosa] O que devo fazer para pedir que meu namorado se case comigo? Na maior parte do tempo, ele é como o meu cavaleiro de armadura brilhante, mas às vezes é frio e se afasta e eu não consigo contato com ele por dias. Há um contraste tão grande no seu comportamento. Mas não quero perdê-lo se ele for "a pessoa certa". Estou quase tendo um ataque de pânico.

Declaração do cliente no nível intermediário – 3

[Agitado] Não quero falar de nada pesado como na última sessão. Tenho uma reunião de negócios importante assim que sair daqui e preciso estar afiado e na minha melhor forma, e não ficar refletindo sobre as minhas experiências de infância.

Declaração do cliente no nível intermediário – 4

[Olhando para baixo] Eu não ia vir à sessão de hoje. Você deve estar cansado de me ouvir reclamar e não fazer o que preciso fazer. Nem sei bem por que eu vim aqui.
Só quero ir para casa e pedir uma *pizza*.

Declaração do cliente no nível intermediário – 5

[Assustado] Acho que se você me conhecesse bem, quero dizer, se você soubesse tudo sobre mim, ficaria enojado. Nem sei como alguém poderia realmente me aceitar depois de todos os fracassos vergonhosos que tive na minha vida.

> Avalie e ajuste a dificuldade antes de passar para o próximo nível de dificuldade (veja o passo 3 nas instruções do exercício).

DECLARAÇÕES DO CLIENTE NO NÍVEL AVANÇADO PARA O EXERCÍCIO 1
Declaração do cliente no nível avançado – 1
[Triste] Acho que nada jamais vai mudar. Não tive as minhas necessidades emocionais atendidas quando criança e agora você está me dizendo que eu tenho que aprender a atendê-las por minha conta.
Declaração do cliente no nível avançado – 2
[Ansioso] Não sei o que pensar. Você me disse que eu tenho o direito de expressar meus sentimentos, mas quando expresso, a minha esposa fica muito zangada comigo. Estou piorando as coisas, e isso é assustador.
Declaração do cliente no nível avançado – 3
[Confuso] Estou muito zangada com a minha melhor amiga por ter compartilhado minhas informações pessoais com a esposa dela. Ela me disse que estava tentando obter algum *feedback* para me ajudar porque ela é médica, mas me sinto tão traída. Parece loucura estar tão devastada.
Declaração do cliente no nível avançado – 4
[Frustrado] Não quero estar aqui hoje. Estou cansado de me concentrar em mim e nas minhas queixas insignificantes. Há pessoas no mundo com problemas reais – não com queixas neuróticas e lamuriosas como as minhas.
Declaração do cliente no nível avançado – 5
[Irritado] Quero me certificar de que hoje temos tempo para discutir a minha agenda. Acho que com muita frequência você escolhe aquilo em que nos concentramos. Eu sei que você é o especialista. Provavelmente eu não deveria estar dizendo nada disso. Eu deveria apenas acompanhar o que você acha que é melhor.

> **Avalie e ajuste a dificuldade aqui (veja o passo 3 nas instruções do exercício). Se apropriado, siga as instruções para tornar o exercício ainda mais desafiador (veja o Apêndice A).**

EXEMPLOS DE RESPOSTAS DO TERAPEUTA: COMPREENSÃO E SINTONIA

Lembre-se: os aprendizes devem tentar improvisar suas próprias respostas antes de lerem os exemplos. **Não leia textualmente as respostas seguir, a não ser que esteja com dificuldade para elaborar suas próprias respostas!**

EXEMPLOS DE RESPOSTAS A DECLARAÇÕES DO CLIENTE NO NÍVEL INICIANTE PARA O EXERCÍCIO 1
Exemplo de resposta à declaração do cliente no nível iniciante – 1
Estou vendo que você está um pouco ansioso por experimentar a terapia, que não sabe o que é esperado e não quer causar uma má impressão à primeira vista (Critério 1). Tudo bem começar por qualquer parte. Você não está sozinho nisso. Estou aqui para ajudá-lo. Será um prazer fazer uma sugestão sobre por onde podemos começar hoje (Critério 2).
Exemplo de resposta à declaração do cliente no nível iniciante – 2
Oh, isso não é idiota, de jeito nenhum. Posso imaginar que talvez, ao antecipar compartilhar a sua dor, isso seja perturbador e talvez até um pouco assustador (Critério 1). Todos os sentimentos são bem-vindos aqui (Critério 2).
Exemplo de resposta à declaração do cliente no nível iniciante – 3
Posso entender suas preocupações em perder o seu relacionamento, já que você se sente sem esperança quanto à sua capacidade de mudar esse comportamento (Critério 1). Depois que identificarmos o que está provocando essa reação, vou ajudá-lo a aprender como contorná-la e a desenvolver respostas mais saudáveis (Critério 2).
Exemplo de resposta à declaração do cliente no nível iniciante – 4
Ok, vamos respirar juntos. Posso ver que você tem muito para compartilhar comigo. Não acho que isso seja uma loucura. Não tenha pressa (Critério 1). Mal posso esperar para conhecê-lo, e teremos muito tempo nas próximas semanas para fazer isso acontecer (Critério 2).
Exemplo de resposta à declaração do cliente no nível iniciante – 5
Você não tem de pedir desculpas, e tudo bem se quiser me fazer perguntas. Fico feliz que você tenha vindo até aqui hoje, mesmo sem energia (Critério 1). Quero compreender a sua tristeza e as necessidades que estão por trás. Sim, eu também tenho dias ruins, e posso ajudá-lo trabalhar com os seus (Critério 2).

EXEMPLOS DE RESPOSTAS A DECLARAÇÕES DO CLIENTE NO NÍVEL INTERMEDIÁRIO PARA O EXERCÍCIO 1

Exemplo de resposta à declaração do cliente no nível intermediário – 1

Compreendo que isso seja confuso para você. Seu pai o desencorajou de sonhar muito alto, e eu tentei ajudá-lo a levar em consideração os seus sonhos. Seu conselheiro está olhando para as evidências concretas (Critério 1). Ajudaria se analisássemos essas três posições juntos? (Critério 2)

Exemplo de resposta à declaração do cliente no nível intermediário – 2

Uau! Que grande pressão e confusão você está sentindo! Esses são comportamentos muito diferentes para uma única pessoa. Essa é uma decisão muito importante a ser tomada (Critério 1). Por que você não respira fundo, e então podemos analisar os prós e os contras juntos? Isso seria útil para você? (Critério 2)

Exemplo de resposta à declaração do cliente no nível intermediário – 3

Compreendo que pareça difícil conciliar uma reunião tão importante depois do nosso trabalho conjunto. A pressão o levou a desvalorizar a importância das suas experiências na infância (Critério 1). Quero fazer o que for mais útil para você hoje. Poderia ser lembrá-lo da sua competência empresarial. O que você acha? (Critério 2)

Exemplo de resposta à declaração do cliente no nível intermediário – 4

Sei que é difícil para você imaginar que alguém possa realmente se preocupar com você mesmo quando está se esforçando e não conseguindo concretizar os esforços (Critério 1). Mas este sou eu, e me preocupo com você. Vamos enfrentar isso. Estou muito contente por você ter decidido vir hoje (Critério 2).

Exemplo de resposta à declaração do cliente no nível intermediário – 5

Sempre é assustador compartilharmos todas as partes de nós mesmos com alguém. É claro que isso parece arriscado, se considerarmos toda a privação e rejeição que você sofreu na sua infância (Critério 1). Eu realmente quero conhecê-lo e não consigo me imaginar sentindo aversão. Eu me importo com você e com seu bem-estar (Critério 2).

EXEMPLOS DE RESPOSTAS A DECLARAÇÕES DO CLIENTE NO NÍVEL AVANÇADO PARA O EXERCÍCIO 1

Exemplo de resposta à declaração do cliente no nível avançado – 1

É difícil para você não se sentir sem esperança, já que teve tão pouca experiência de ter as suas necessidades atendidas quando era criança, ou por alguém atualmente. Deve ser muito difícil pensar que você está ouvindo que agora, mais uma vez, ninguém vai atender as suas necessidades (Critério 1). Felizmente, essa não é a minha mensagem para você. Vou ajudá-lo a atender suas necessidades nas nossas sessões. Você não está sozinho nisso (Critério 2).

Exemplo de resposta à declaração do cliente no nível avançado – 2

Deve ser confuso pensar que você está fazendo o que é saudável e receber uma resposta negativa. Talvez até se sinta um pouco zangado comigo pela forma como isso aconteceu (Critério 1). Quero que você saiba que tem o meu apoio nessa situação, e sei que é difícil. Vamos examinar juntos os detalhes do que aconteceu e ver o que vem a seguir (Critério 2).

Exemplo de resposta à declaração do cliente no nível avançado – 3

Entendo que é muito confuso ter sentimentos tão fortes e conflitantes. Você gosta da sua amiga e acredita que ela tinha boas intenções, mas também se sente traída (Critério 1). Vamos falar um pouco mais sobre tudo o que você sente em relação à sua amiga e a essa situação, para termos uma visão global (Critério 2).

Exemplo de resposta à declaração do cliente no nível avançado – 4

É difícil para você levar a sério os seus problemas e dores porque os compara com o pior cenário do mundo. Quando faz isso, é difícil para você sentir que eles são importantes. Você também pode se preocupar se eu acho que eles são importantes (Critério 1). Eu sei que são, e quero lhe assegurar que entendo o seu dilema e que quero examinar as suas queixas (Critério 2).

Exemplo de resposta à declaração do cliente no nível avançado – 5

Então, você está sentindo que não há um equilíbrio aqui em termos de quem define a nossa agenda e até se preocupa se tem algum problema em me dizer isso (Critério 1). Lamento que tenha ficado com a sensação de que não pode assumir a liderança aqui. Esse é o seu momento, e sempre há espaço para os temas que você quer colocar na agenda. Que tal se definimos a agenda juntos antes de iniciarmos as nossas sessões? (Critério 2)

Exercício 2

Apoiando e reforçando o modo adulto saudável

PREPARAÇÃO PARA O EXERCÍCIO 2

1. Leia as instruções no Capítulo 2.
2. Faça *download* do Formulário de reação à prática deliberada e do Formulário diário da prática deliberada disponíveis no material complementar do livro em loja.grupoa.com.br (também disponíveis nos Apêndices A e B, respectivamente).

DESCRIÇÃO DA HABILIDADE

Nível de dificuldade da habilidade: iniciante

O apoio e o reforçamento do modo adulto saudável na TE consistem em reconhecer a autonomia, a competência e a internalização do cliente de um cuidador interno amoroso e carinhoso. O modo adulto saudável é conceitualizado como a parte adulta racional, acolhedora e competente de todos nós, que nutre, protege e valida a parte criança vulnerável; estabelece limites para as partes criança zangada e impulsiva; promove e apoia a criança feliz; confronta e eventualmente substitui os modos de enfrentamento que não são saudáveis por modos adaptativos; e neutraliza ou modifica os modos críticos. Quando estão no modo adulto saudável, as pessoas conseguem equilibrar necessidades e responsabilidades para se empenharem em atividades razoáveis de prazer e produtividade, como trabalho, recreação, parentalidade, sexo, autocuidado e interesses intelectuais e culturais (Farrell et al., 2014).

O objetivo desse exercício é ajudar os terapeutas a notar, reconhecer e validar os comportamentos do modo adulto saudável de seus clientes. Isso ajuda a reforçar esse modo e enfatiza sua importância para a satisfação das necessidades básicas. Para esse exercício, o terapeuta pode apoiar e fortalecer o modo adulto saudável do cliente, primeiramente salientando e apoiando a autonomia do cliente, como tomar decisões, estabelecer limites e agir para satisfazer uma necessidade de forma saudável. Depois disso, o terapeuta valida e elogia explicitamente as evidências do modo adulto saudável do cliente, por exemplo, em suas demonstrações de competência, coragem, realização, definição de limites, autodefesa ou assertividade. Essas intervenções são uma boa oportunidade para que o terapeuta fique em evidência – por exemplo, por meio da expressão genuína de sentimentos pessoais de orgulho e alegria pelo modo adulto saudável do cliente.

> **CRITÉRIOS DA HABILIDADE PARA O EXERCÍCIO 2**
>
> 1. Apoiar a autonomia do cliente, apontando comportamentos do modo adulto saudável (p. ex., tomar decisões, estabelecer limites, agir para satisfazer uma necessidade de forma saudável).
> 2. Validar e elogiar evidências do modo adulto saudável (p. ex., demonstrações de competência, coragem, realização, definição de limites, autodefesa, assertividade).

EXEMPLOS DE APOIO E REFORÇAMENTO DO MODO ADULTO SAUDÁVEL

Exemplo 1

CLIENTE: [*Nervosa*] Eu estava farta da forma como meu marido estava me tratando. Decidi que estava na hora de falar claramente sobre o que preciso dele. Preciso que ele ouça quando lhe digo como me sinto e que não julgue os meus sentimentos como certos ou errados. Não vou mais aceitar isso.

TERAPEUTA: Então, você o informou adequadamente sobre uma necessidade razoável. Você foi clara quanto ao seu limite (Critério 1). Acho que isso é ótimo! Seu modo adulto saudável está ficando mais forte. Que ótimo trabalho você fez aqui! (Critério 2)

Exemplo 2

CLIENTE: [*Envergonhado*] Eu tive consciência de que o "pequeno eu" foi ativado quando a minha irmã usou meu apelido constrangedor de infância na frente de outras pessoas. Tive medo de lhe dizer que isso me magoa e tive vontade de fugir e me esconder. No entanto, consegui respirar fundo e falei como me sentia e que não queria que ela fizesse isso de novo.

TERAPEUTA: Uau! Você contornou o seu medo e falou a partir do seu adulto saudável para estabelecer um limite necessário (Critério 1). Ótimo trabalho! Estou muito orgulhoso de você. Agora você tem um adulto saudável forte e competente para apoiar o "pequeno você" (Critério 2).

Exemplo 3

CLIENTE: [*Hesitante*] Quero lhe contar o que aconteceu ontem porque isso é novo para mim. Pode parecer uma coisa pequena, mas para mim foi uma grande coisa. Eu estava jantando com a minha namorada e quando estávamos fazendo o pedido, ela disse: "Oh, peça o bife, e não o frango, para que eu possa comer um pouco". Eu detesto quando ela me diz o que quer e assume que pode comer um pouco da minha comida. Normalmente, eu cedo, mas ontem simplesmente disse: "Não, eu quero o frango e pretendo comer tudo". Me sinto bobo ao lhe contar isso, mas me senti muito forte naquele momento.

TERAPEUTA: Isso não me parece pequeno. Você falou de forma apropriada segundo o que queria e ao que tinha direito. Também fez um belo trabalho ao estabelecer um limite (Critério 1). Estou muito contente por você ter sentido a sua força. Sua parte adulta saudável tem muita força e é maravilhoso que você consiga defender aquilo de que precisa. Bom trabalho! (Critério 2)

INSTRUÇÕES PARA O EXERCÍCIO 2

Passo 1: *role-play* e *feedback*

- O cliente faz a primeira declaração do cliente no nível de dificuldade iniciante. O terapeuta improvisa uma resposta com base nos critérios da habilidade.
- O instrutor (ou, se não estiver disponível, o cliente) fornece um breve *feedback* com base nos critérios da habilidade.
- O cliente, então, repete a mesma declaração, e o terapeuta mais uma vez improvisa uma resposta. O instrutor (ou o cliente) mais uma vez fornece um breve *feedback*.

Passo 2: repetir

- Repita o passo 1 para todas as declarações no nível de dificuldade atual (iniciante, intermediário ou avançado).

Passo 3: avaliar e ajustar a dificuldade

- O terapeuta preenche o Formulário de reação à prática deliberada (veja o Apêndice A) e decide se deve tornar exercício mais fácil ou mais difícil ou se deve repetir o mesmo nível de dificuldade.

Passo 4: repetir por aproximadamente 15 minutos

- Repita os passos 1 a 3 por pelo menos 15 minutos.
- Os aprendizes trocam os papéis de terapeuta e cliente e recomeçam.

> **Agora é a sua vez! Siga os passos 1 e 2 das instruções.**

Lembre-se: o objetivo do *role-play* é que os aprendizes pratiquem a improvisação de respostas às declarações do cliente de uma forma que (a) utilize os critérios da habilidade e (b) pareça autêntica para o aprendiz. **Exemplos de respostas do terapeuta para cada declaração do cliente são fornecidos no final desse exercício. Os aprendizes devem tentar improvisar as próprias respostas antes de lerem os exemplos.**

DECLARAÇÕES DO CLIENTE NO NÍVEL INICIANTE PARA O EXERCÍCIO 2
Declaração do cliente no nível iniciante – 1
[Hesitante] Acho que fiz uma coisa boa ontem. Meu colega de trabalho despejou uma pilha de correspondência sobre a minha mesa 15 minutos antes de o escritório fechar, dizendo: "Tenho que sair no horário, e tenho a certeza de que você não se importa de deixar isso na sala de expedição para mim". Ele faz coisas desse tipo o tempo todo e, normalmente, eu faço porque o "pequeno eu" tem medo dele. Dessa vez, eu disse "não" bem alto e comecei a me preparar para ir embora.
Declaração do cliente no nível iniciante – 2
[Nervoso] Consegui dizer à minha esposa que eu queria ter relações sexuais com mais frequência. Isso é uma parte importante da vida e não quero que acabemos nos sentindo como colegas de quarto em vez de amantes. Ela ficou um pouco chateada por eu ter sido tão direto, mas era importante que ela soubesse o quanto isso é relevante para mim. Não fui crítico com ela, apenas expressei a minha necessidade.
Declaração do cliente no nível iniciante – 3
[Irritada] Finalmente decidi dizer à minha amiga Diana que estou farta de que ela sempre chegue atrasada para nossos almoços e jantares. Imediatamente, ela ficou na defensiva, começou a inventar uma série de desculpas e até tentou me culpar por ser tão rígida. Mas eu disse que aquilo não era aceitável. Agora, estou me perguntando se talvez eu seja rígida demais? Acho que não sou, mas não tenho certeza. Ela consegue ser muito convincente, assim como minha mãe.
Declaração do cliente no nível iniciante – 4
[Otimista] Consegui realmente me sentir bem comigo mesma quando me olhei no espelho antes de sair de casa hoje. Sei que é um pouco bobo dar importância a isso, mas me senti bem por não ser tão dura comigo, para variar.
Declaração do cliente no nível iniciante – 5
[Tímido] Visitei a minha tia na semana passada e ela disse que eu estava com muito boa aparência. Ela elogiou o meu novo corte de cabelo. Inicialmente, me senti um pouco desconfortável, como se quisesse desvalorizar o elogio, como costumo fazer. Mas consegui me forçar a agradecer, e até lhe disse que eu também tinha gostado muito do corte novo. Uau, estou me tornando narcisista?

> **Avalie e ajuste a dificuldade antes de passar para o próximo nível de dificuldade (veja o passo 3 nas instruções do exercício).**

DECLARAÇÕES DO CLIENTE NO NÍVEL INTERMEDIÁRIO PARA O EXERCÍCIO 2

Declaração do cliente no nível intermediário – 1

[Hesitante] Alguns dias atrás, eu estava me sentindo um pouco carente e triste, depois de um período muito difícil no meu relacionamento. Era como se uma pequena parte de mim se sentisse vulnerável pelas conversas difíceis que temos tido. Decidi que precisava ficar na cama no sábado e assistir aos filmes infantis que adorava quando era criança. Naquele momento, eu gostei, mas agora me pergunto se aquela foi uma atitude saudável. O que você acha?

Declaração do cliente no nível intermediário – 2

[Firme] Decidi terminar a minha amizade com Jane. Somos amigas há 10 anos, mas da última vez que saímos, percebi que ela é muito crítica comigo e até má, algumas vezes. Ela parece o meu modo crítico exigente, e eu não preciso de nenhum reforço para isso. Ela também me deprecia por ainda estar fazendo terapia. Pesei os prós e os contras e decidi terminar.

Declaração do cliente no nível intermediário – 3

[Orgulhoso] Essa semana estava em luta com a minha parte criança impulsiva. Tudo o que eu queria fazer era comer muito sorvete. Comecei me recompensando com uma bola do meu sorvete preferido, porque me mantive focado em uma alimentação saudável durante toda a semana. Quando acabei de comer, a minha criança gulosa queria mais e mais. Por fim, eu disse "chega" e joguei o resto do pote no lixo. O meu crítico começou a me repreender, mas acessei meu bom pai interno e mandei-o calar a boca.

Declaração do cliente no nível intermediário – 4

[Frustrado] Você parece entediado comigo e posso sentir que uma parte de mim quer ficar zangada e criticar você. Não gosto quando sinto que tenho que entreter você, como tive que fazer com os meus pais durante toda a minha vida. Pensei que esse era um espaço onde podia ser eu mesmo.

Declaração do cliente no nível intermediário – 5

[Nervoso] Finalmente me expressei durante a minha avaliação no trabalho. Foi uma avaliação muito boa, mas mais uma vez não se falou de uma promoção, e você sabe que eu acho que já passou da hora. Foi muito difícil, mas, de repente, aquilo tudo foi saindo de dentro de mim e acho que me expressei muito bem, porque o meu chefe sorriu e disse que agora ia pensar seriamente no assunto. Esse foi um erro da minha parte? Talvez eu tenha sido muito insistente e mal-agradecido?

> ✋ **Avalie e ajuste a dificuldade antes de passar para o próximo nível de dificuldade (veja o passo 3 nas instruções do exercício).**

DECLARAÇÕES DO CLIENTE NO NÍVEL AVANÇADO PARA O EXERCÍCIO 2
Declaração do cliente no nível avançado – 1
[Firme] Preciso levantar uma questão com você. Notei que muitas vezes você termina nossas sessões 5 minutos mais cedo. Talvez eu não devesse dizer nada, mas sinto que não estou tendo todo o tempo previsto e isso me incomoda porque eu valorizo o tempo da nossa sessão.
Declaração do cliente no nível avançado – 2
[Gentil] Acho que você está errado quando diz que eu cedo demais ao meu modo criança indisciplinada. É isso mesmo que você pensa? Acho que é a minha pequena criança triste que precisa se divertir de vez em quando e não só trabalhar.
Declaração do cliente no nível avançado – 3
[Ansiosa] O que devo fazer em relação a continuar a sair com Mark? Às vezes eu gosto da companhia dele e sinto que ele me valoriza, mas outras vezes ele é mandão e me diz o que eu devo fazer ou impõe o que ele quer sexualmente. Não quero perdê-lo, mas às vezes não gosto do jeito que ele me trata.
Declaração do cliente no nível avançado – 4
[Nervoso] Eu só queria ficar zangado e gritar quando cheguei em casa ontem à noite e encontrei minha esposa com aquele ar triste no rosto. Mais uma vez, me senti julgado por ela e desvalorizado porque estava atrasado e me esqueci de comprar o leite. Mas então ouvi a sua voz na minha cabeça, respirei fundo e pedi desculpas pelo atraso e pelo esquecimento. Também prometi sair para ir buscar o leite assim que pudesse mudar de roupa e fazer uma pequena pausa. Ela até sorriu. Eu nem podia acreditar. Aquilo foi estranho, mas bom. No entanto, ainda não tenho certeza se serei capaz de fazer isso de novo quando estiver muito cansado e ativado.
Declaração do cliente no nível avançado – 5
[Frustrada] Não consigo encontrar uma forma de me sentir segura desde que meu marido teve um caso no ano passado. Sempre tenho aquele ímpeto de checar seu telefone e o *notebook*, como uma espiã. Estou tão cansada disso. Acabei falando para ele que não quero ser um detetive particular pelo resto da minha vida. Precisamos de terapia de casal se quisermos curar esse casamento, ou então não sei se consigo ficar com ele. Como sempre, ele disse que eu sou paranoica e insegura, mas concordou em fazer terapia.

✋ **Avalie e ajuste a dificuldade aqui (veja o passo 3 nas instruções do exercício). Se apropriado, siga as instruções para tornar o exercício ainda mais desafiador (veja o Apêndice A).**

EXEMPLOS DE RESPOSTAS DO TERAPEUTA: APOIANDO E REFORÇANDO O MODO ADULTO SAUDÁVEL

Lembre-se: os aprendizes devem tentar improvisar suas próprias respostas antes de lerem os exemplos. **Não leia textualmente as respostas seguir, a não ser que esteja com dificuldade para elaborar suas próprias respostas!**

EXEMPLOS DE RESPOSTAS A DECLARAÇÕES DO CLIENTE NO NÍVEL INICIANTE PARA O EXERCÍCIO 2
Exemplo de resposta à declaração do cliente no nível iniciante – 1
Parece que você estabeleceu um limite ao qual tem direito. Conseguiu se conectar com a parte adulta saudável de você, apesar de a outra parte se sentir assustada (Critério 1). Fazer isso exigiu coragem e merece aplausos. Ótimo trabalho! (Critério 2)
Exemplo de resposta à declaração do cliente no nível iniciante – 2
Você foi claro e direto, falando a partir do seu modo adulto saudável. Sexo pode ser um tema difícil para os casais, e você conseguiu lidar com isso (Critério 1). Admiro a sua capacidade de expressar suas necessidades nessa área importante da vida (Critério 2).
Exemplo de resposta à declaração do cliente no nível iniciante – 3
Que bom para você! Seu modo adulto saudável foi capaz de defender os seus direitos. Isso é difícil, especialmente com pessoas como Diana e a sua mãe (Critério 1). Você não está sendo nada rígida. É seu direito ser respeitada, assim como você faz em relação a ela. Estou muito orgulhoso de você (Critério 2).
Exemplo de resposta à declaração do cliente no nível iniciante – 4
Parece que o seu modo adulto saudável estava olhando no espelho, realmente vendo você – alguém que absolutamente merece sentir-se bem consigo mesmo (Critério 1). Isso não é nada tolo. É um grande e maravilhoso passo para você, e eu não podia estar mais feliz. Obrigado por me contar! (Critério 2)
Exemplo de resposta à declaração do cliente no nível iniciante – 5
Eu conheço a luta que você enfrenta sempre que alguém lhe faz um elogio. Mas dessa vez seu modo adulto saudável foi capaz de aceitar a mensagem, e esse é um grande e importante passo para você (Critério 1). Isso não é nem um pouco narcisista. Na verdade, você precisa aceitar esse apreço por você. Estou muito orgulhoso por você se permitir aceitar o elogio (Critério 2).

EXEMPLOS DE RESPOSTAS A DECLARAÇÕES DO CLIENTE NO NÍVEL INTERMEDIÁRIO PARA O EXERCÍCIO 2

Exemplo de resposta à declaração do cliente no nível intermediário – 1

Acho que você tomou algumas medidas do modo adulto saudável para acalmar sua parte jovem. É bom equilibrar os eventos estressantes com algum tempo reparador e calmante (Critério 1). Estou feliz por você ter feito isso e vejo como uma conquista. Você estava consciente de uma necessidade e a satisfez de uma forma saudável (Critério 2).

Exemplo de resposta à declaração do cliente no nível intermediário – 2

Posso imaginar que tenha sido uma decisão difícil de tomar, mas também importante. Seu modo adulto saudável pesou os prós e os contras e chegou a uma decisão equilibrada (Critério 1). Acho que tomar essa decisão foi um passo importante para você e que exigiu coragem. Que bom para você (Critério 2).

Exemplo de resposta à declaração do cliente no nível intermediário – 3

Parece que você lutou com muitas partes suas, e, no final, o adulto saudável venceu (Critério 1). Você fez um ótimo trabalho ao lidar com a sua parte impulsiva e limitando o seu modo crítico. Espero que esteja satisfeito com o que conseguiu aqui (Critério 2).

Exemplo de resposta à declaração do cliente no nível intermediário – 4

Bem, isso certamente não parece bom. Obrigado por me contar dessa forma e por não ficar simplesmente zangado e crítico (Critério 1). Não estou nem um pouco entediado, e estou muito contente por você ter compartilhado o que está sentindo. Acho que essa é uma demonstração muito importante da sua parte adulta saudável. Eu ficaria feliz em falar mais sobre isso e prestar mais atenção ao que estou fazendo que o leva a se sentir assim (Critério 2).

Exemplo de resposta à declaração do cliente no nível intermediário – 5

Bem, olhe para você! O seu defensor adulto saudável encontrou um lugar na mesa de negociação. Sei como tem sido difícil sentir-se indigno de algo que você claramente ganhou o direito de ter agora (Critério 1). Que grande passo para você. Você está realmente começando a acreditar em si e isso merece uma celebração, também (Critério 2).

EXEMPLOS DE RESPOSTAS A DECLARAÇÕES DO CLIENTE NO NÍVEL AVANÇADO PARA O EXERCÍCIO 2

Exemplo de resposta à declaração do cliente no nível avançado – 1

Você parece forte e decidido em relação a isso. Você também tem o direito de decidir como usamos o nosso tempo juntos. Esse é o seu modo adulto saudável (Critério 1). Normalmente, eu reservo alguns minutos antes de encerrarmos, para o caso de alguma coisa precisar ser concluída, mas podemos discutir se isso funciona para você ou não. Fico contente por você ter trazido essa questão (Critério 2).

Exemplo de resposta à declaração do cliente no nível avançado – 2

Estou ouvindo seu adulto saudável nesse momento. Você me parece bem preciso quanto à parte de você que está envolvida aqui, e aceito a sua avaliação (Critério 1). É bom para você que tenha força para discordar. Fico contente por ouvir isso (Critério 2).

Exemplo de resposta à declaração do cliente no nível avançado – 3

Você começou com uma pergunta, mas acho que também me deu a resposta. Esse é o seu modo adulto saudável. Você tem clareza sobre o que gosta e o que não gosta em Mark (Critério 1). Fico contente por lhe ouvir pesando os prós e os contras e perceber que, no final, a decisão compete a você (Critério 2).

Exemplo de resposta à declaração do cliente no nível avançado – 4

Sei que é difícil se imaginar sendo capaz de ser esse porta-voz claro e responsável por si mesmo cada vez que você está aborrecido. Foi o seu modo adulto saudável que se mostrou ontem à noite (Critério 1). Ninguém é perfeito, mas você está fazendo um belo trabalho ao abordar as suas reações de raiva, ser responsável perante seus entes queridos e cuidar das suas próprias necessidades. Admiro muito a sua força e o seu progresso (Critério 2).

Exemplo de resposta à declaração do cliente no nível avançado – 5

Essa é uma verdadeira vitória para você! Você expressou suas necessidades, sabendo que provavelmente ele a culparia. Você está reivindicando ser ouvida, e está se tornando uma boa defensora de si mesma. Esse é o seu adulto saudável se mostrando (Critério 1). E agora ele concordou em fazer a terapia de casal. Não há garantias, mas é um ótimo começo para ver o que é possível fazer para curar o casamento. Sei que isso é importante para você e estou muito feliz por ter conseguido defender as suas necessidades (Critério 2).

Exercício 3

Educação sobre esquemas
Começando a entender os problemas atuais em termos da terapia do esquema

PREPARAÇÃO PARA O EXERCÍCIO 3

1. Leia as instruções no Capítulo 2.
2. Faça *download* do Formulário de reação à prática deliberada e do Formulário diário da prática deliberada disponíveis no material complementar do livro em loja.grupoa.com.br (também disponíveis nos Apêndices A e B, respectivamente).

DESCRIÇÃO DA HABILIDADE

Nível de dificuldade da habilidade: iniciante

Essa habilidade se concentra na apresentação ao cliente dos *esquemas iniciais desadaptativos* (EIDs). Os EIDs são crenças emocionais nucleares que, com a biologia e o temperamento, foram formadas quando as necessidades emocionais iniciais não foram adequadamente atendidas. Os esquemas funcionam como traços de personalidade, que contêm as crenças nucleares e mensagens sobre o *self*, sobre os outros e previsões para o futuro. Eles podem permanecer adormecidos por períodos e são ativados em determinadas condições que fazem lembrar experiências dolorosas do início da vida. Podem incluir a ativação de sentimentos estressantes, sensações e crenças tendenciosas, que ocorrem automaticamente e permanecem rigidamente incorporadas ao sentimento do cliente sobre o que é real. Por exemplo, considere um cenário em que uma colega de trabalho olha para baixo quando se aproxima da mesa do cliente, e isso desencadeia o sentimento de rejeição e inadequação do cliente (um esquema de "defectividade e abandono"). Isso leva a sentimentos de profunda desesperança, ansiedade, raiva ou solidão – uma reação de longa data que surge de experiências iniciais de ter ido significativamente privado e criticado quando era criança.

Nesse exercício, o terapeuta iniciará o processo de dar sentido aos problemas do cliente em termos da TE. O terapeuta improvisa respostas seguindo esses critérios da habilidade:

1. Os EIDs geralmente não são desafiados, pois operam fora da percepção consciente. O terapeuta começa trazendo à consciência um padrão do cliente e nomeando-o como um *esquema*.
2. O terapeuta então fornece aos clientes uma estrutura essencial para a terapia, explicando como os esquemas se originam de necessidades iniciais não atendidas. Para esse exercício, o terapeuta deve praticar a fluência na apresentação de explicações breves, como "Os esquemas se desenvolvem a partir da interação entre a nossa constituição biológica e necessidades emocionais que não foram atendidas na nossa infância".
3. O terapeuta educa o cliente sobre o impacto dos seus esquemas em suas crenças e expectativas emocionais.

Você pode notar que as intervenções do terapeuta para esse exercício podem parecer um pouco repetitivas entre as diversas declarações do cliente, e isso é intencional. Esse exercício fornece múltiplas oportunidades de experimentar a entrega de um componente essencial da educação sobre esquemas. Exercícios futuros focam na adaptação de explicações específicas para apresentações específicas dos clientes.

CRITÉRIOS DA HABILIDADE PARA O EXERCÍCIO 3

1. Sugerir a presença de um padrão na vida do cliente e chamar esse padrão de esquema.
2. Explicar a origem dos esquemas em termos de necessidades iniciais não atendidas.
3. Educar o cliente sobre como os esquemas são fortes crenças emocionais sobre o *self*, sobre os outros e sobre o mundo.

EXEMPLOS DE EDUCAÇÃO SOBRE ESQUEMAS: COMEÇANDO A ENTENDER OS PROBLEMAS ATUAIS EM TERMOS DA TERAPIA DO ESQUEMA

Exemplo 1

CLIENTE: [*Triste*] Nunca consegui manter meus relacionamentos. Vou ficar sozinho e solitário para sempre.

TERAPEUTA: Parece que essa dificuldade em manter os relacionamentos é um tema na sua vida, representando o que chamamos de esquema (Critério 1). Os esquemas desenvolvem-se a partir de uma combinação da nossa constituição biológica e as necessidades emocionais básicas que não são adequadamente atendidas na nossa infância (Critério 2). Os esquemas tornam-se crenças emocionais intensas que influenciam a forma como vemos a nós mesmos, como nos relacionamos com os outros e até mesmo como prevemos nosso futuro (Critério 3).

Exemplo 2

CLIENTE: [*Triste*] Por mais que eu tente, parece que não consigo deixar que ninguém cuide de mim. É como se eu tivesse vindo ao mundo com a expectativa de ser um adulto. Tive que aprender a enterrar as minhas necessidades e cuidar de mim.

TERAPEUTA: Parece que enterrar as suas necessidades e não deixar que os outros cuidem de você é um padrão na sua vida. Chamamos esses padrões de esquema (Critério 1). Os esquemas se desenvolvem, em parte, devido às necessidades emocionais básicas que não foram atendidas na nossa infância (Critério 2). Os esquemas são como crenças emocionais intensas sobre si mesmo e sobre os outros. Eles influenciam as suas expectativas nos seus relacionamentos atuais (Critério 3).

Exemplo 3

CLIENTE: [*Fria*] Bem, não é de admirar que o meu marido tenha me deixado. Por que ele iria querer ficar com alguém como eu? Você vai entender melhor depois que realmente me conhecer. Até a minha mãe na verdade não gostava de mim.

TERAPEUTA: Parece que a expectativa de não ser amada ou de ser abandonada pelos outros é um tema na sua vida, ou o que chamamos de esquema (Critério 1). Os esquemas desenvolvem-se por causa da nossa constituição biológica e quando nossas necessidades emocionais básicas não são adequadamente atendidas na nossa infância (Critério 2). Esses esquemas criam fortes crenças emocionais que afetam a forma como vemos a nós mesmos, como nos relacionamos com os outros e como prevemos nosso futuro (Critério 3).

INSTRUÇÕES PARA O EXERCÍCIO 3

Passo 1: *role-play* e *feedback*

- O cliente faz a primeira declaração do cliente no nível de dificuldade iniciante. O terapeuta improvisa uma resposta com base nos critérios da habilidade.
- O instrutor (ou, se não estiver disponível, o cliente) fornece um breve *feedback* com base nos critérios da habilidade.
- O cliente, então, repete a mesma declaração, e o terapeuta mais uma vez improvisa uma resposta. O instrutor (ou o cliente) mais uma vez fornece um breve *feedback*.

Passo 2: repetir

- Repita o passo 1 para todas as declarações no nível de dificuldade atual (iniciante, intermediário ou avançado).

Passo 3: avaliar e ajustar a dificuldade

- O terapeuta preenche o Formulário de reação à prática deliberada (veja o Apêndice A) e decide se deve tornar o exercício mais fácil ou mais difícil ou se deve repetir o mesmo nível de dificuldade.

Passo 4: repetir por aproximadamente 15 minutos

- Repita os passos 1 a 3 por pelo menos 15 minutos.
- Os aprendizes trocam os papéis de terapeuta e cliente e começam de novo.

→ **Agora é a sua vez! Siga os passos 1 e 2 das instruções.**

Lembre-se: o objetivo do *role-play* é que os aprendizes pratiquem a improvisação de respostas às declarações de cliente de uma forma que (a) utilize os critérios da habilidade e (b) pareça autêntica para o aprendiz. **Exemplos de respostas do terapeuta para cada declaração do cliente são fornecidos no final desse exercício. Os aprendizes devem tentar improvisar as próprias respostas antes de lerem os exemplos.**

DECLARAÇÕES DO CLIENTE NO NÍVEL INICIANTE PARA O EXERCÍCIO 3
Declaração do cliente no nível iniciante – 1
[Triste] Nunca consegui manter meus relacionamentos. Vou ficar sozinho e solitário para sempre.
Declaração do cliente no nível iniciante – 2
[Sem esperança] Todas as pessoas que um dia eu amei me deixaram ou morreram. Não vale a pena estabelecer relações; elas nunca duram.
Declaração do cliente no nível iniciante – 3
[Irritado] Como você pode dizer que eu posso confiar que você vai estar aqui quando eu precisar? Isso nunca aconteceu. Eu sei que as pessoas não são confiáveis. Elas podem prometer que vão estar presentes nos momentos difíceis, mas não vão cumprir.
Declaração do cliente no nível iniciante – 4
[Ansioso] Eu nunca sabia qual seria o humor da minha mãe quando era criança. Aprendi a estar sempre preparado para caso fosse um daqueles dias em que ela nem sequer falava comigo.
Declaração do cliente no nível iniciante – 5
[Sem esperança] É muito difícil me permitir relaxar e desfrutar dos meus novos amigos. Minha vida sempre foi ter de juntar tudo e mudar de um lugar para outro. Sei que é apenas uma questão de tempo até que eles mudem ou eu tenha que me mudar novamente.

✋ **Avalie e ajuste a dificuldade antes de passar para o próximo nível de dificuldade (veja o passo 3 nas instruções do exercício).**

DECLARAÇÕES DO CLIENTE NO NÍVEL INTERMEDIÁRIO PARA O EXERCÍCIO 3
Declaração do cliente no nível intermediário – 1
[Triste] Por mais que eu tente, parece que não consigo deixar que ninguém cuide de mim. É como se eu tivesse vindo ao mundo com a expectativa de ser um adulto. Tive de aprender a enterrar as minhas necessidades e cuidar de mim.
Declaração do cliente no nível intermediário – 2
[Sem esperança] Sinto-me tão vazio a maior parte do tempo. Como se fosse uma pessoa oca, sem calor ou substância. Não tenho nada para dar a um parceiro e nunca me senti cuidada ou amada. Ninguém estava presente quando eu era criança, e agora não sei o que fazer com expressões de carinho. Isso me deixa muito desconfortável.
Declaração do cliente no nível intermediário – 3
[Objetivamente] Nunca tive nenhuma orientação quando era criança, por isso aprendi a tomar decisões sozinho. Sei que isso causa problemas no meu casamento, mas não consigo compartilhar com a minha esposa as informações necessárias sobre o que eu quero. Isso não me parece natural.
Declaração do cliente no nível intermediário – 4
[Frio] Nunca encontrei ninguém que realmente me entendesse ou me aceitasse. De que adianta procurar pelo impossível?
Declaração do cliente no nível intermediário – 5
[Objetivamente] Sempre tive que resolver as coisas sozinho. Desde pequeno tive de aprender a me consolar quando estava assustado ou preocupado. Mostrar qualquer carência não era tolerado na minha família. Na verdade, isso era tratado com irritação ou simplesmente me ignorando.

✋ **Avalie e ajuste a dificuldade antes de passar para o próximo nível de dificuldade (veja o passo 3 nas instruções do exercício).**

DECLARAÇÕES DO CLIENTE NO NÍVEL AVANÇADO PARA O EXERCÍCIO 3

Declaração do cliente no nível avançado – 1

[**Fria**] Bem, não é de admirar que o meu marido tenha me deixado. Por que ele iria querer ficar com alguém como eu? Você vai entender melhor depois que realmente me conhecer. Até a minha mãe na verdade não gostava de mim.

Declaração do cliente no nível avançado – 2

[**Frustrado**] Sou apenas uma pessoa que tem alguma coisa faltando – as coisas que eu tento nunca dão certo. O meu pai via isso, mesmo quando eu ainda era pequeno. Ele nunca esperou muito de mim, por isso concentrava sua atenção no meu irmão.

Declaração do cliente no nível avançado – 3

[**Zangado**] Tenho que enfrentar o fato de que sou um derrotado. Nunca consegui alcançar tanto quanto a minha família, e eles sempre fizeram questão de me lembrar disso. Aquele velho clichê sobre a "ovelha negra" se encaixa perfeitamente em mim.

Declaração do cliente no nível avançado – 4

[**Estressado**] Eu sei que você também vê isso. Eu sou esquisito. Provavelmente, você nunca tentou trabalhar com alguém tão ferrado como eu. Até meus pais desistiram de mim quando eu tinha 12 anos.

Declaração do cliente no nível avançado – 5

[**Triste**] E se eu for simplesmente alguém que não merece ser amado? Quero dizer, talvez eu já tenha nascido mau. Sem dúvida, eu fui uma criança difícil, que nunca fez nada direito e que causou muito estresse, de acordo com a minha família.

Avalie e ajuste a dificuldade aqui (veja o passo 3 nas instruções do exercício). Se apropriado, siga as instruções para tornar o exercício ainda mais desafiador (veja o Apêndice A).

EXEMPLOS DE RESPOSTAS DO TERAPEUTA: EDUCAÇÃO SOBRE ESQUEMAS: COMEÇANDO A ENTENDER OS PROBLEMAS ATUAIS EM TERMOS DA TERAPIA DO ESQUEMA

Lembre-se: os aprendizes devem tentar improvisar suas próprias respostas antes de lerem os exemplos. **Não leia as seguintes respostas textualmente, a não ser que esteja com dificuldade para elaborar suas próprias respostas!**

EXEMPLOS DE RESPOSTAS A DECLARAÇÕES DO CLIENTE NO NÍVEL INICIANTE PARA O EXERCÍCIO 3

Exemplo de resposta à declaração do cliente no nível iniciante – 1

Parece que você está descrevendo um padrão ou um tema na sua vida, representando o que chamamos de esquema (Critério 1). Os esquemas podem se desenvolver a partir de uma combinação da nossa constituição biológica e das necessidades emocionais básicas que não foram adequadamente atendidas na nossa infância (Critério 2). Os esquemas tornam-se crenças emocionais intensas que influenciam a forma como vemos a nós mesmos, a forma como nos relacionamos com os outros e até mesmo a forma como prevemos o nosso futuro (Critério 3).

Exemplo de resposta à declaração do cliente no nível iniciante – 2

A sua experiência sugere um padrão que chamamos de esquema (Critério 1). Ele se desenvolveu a partir de necessidades não atendidas na sua infância (Critério 2). O esquema cria fortes crenças sobre si mesmo e sobre o seu futuro, incluindo a sua crença de que nenhum relacionamento vai durar (Critério 3).

Exemplo de resposta à declaração do cliente no nível iniciante – 3

Sua reação faz parte de um padrão que chamamos de esquema (Critério 1). Ele se desenvolveu, em parte, devido às suas experiências na infância e às suas necessidades iniciais não atendidas (Critério 2). Esse esquema leva a fortes crenças e expectativas na sua vida atual, como essa crença de que todos vão abandoná-lo (Critério 3).

Exemplo de resposta à declaração do cliente no nível iniciante – 4

Essa ansiedade reflete a presença de um esquema (Critério 1). Ele se desenvolveu porque suas necessidades normais na infância não foram atendidas durante o crescimento (Critério 2). Esse esquema conduz às suas crenças atuais sobre si mesmo e sobre os outros (Critério 3).

Exemplo de resposta à declaração do cliente no nível iniciante – 5

Esse padrão de dificuldade de se sentir seguro nas relações sugere a presença de um esquema (Critério 1). Esse esquema provavelmente foi formado na sua infância devido às suas necessidades iniciais não atendidas (Critério 2). Os esquemas criam fortes crenças emocionais sobre si mesmo, sobre os outros e sobre suas expectativas para o futuro (Critério 3).

EXEMPLOS DE RESPOSTAS A DECLARAÇÕES DO CLIENTE NO NÍVEL INTERMEDIÁRIO PARA O EXERCÍCIO 3

Exemplo de resposta à declaração do cliente no nível intermediário – 1

Parece que você está descrevendo um padrão na sua vida, representando o que chamamos de esquema (Critério 1). Os esquemas se desenvolvem a partir de uma interação entre a nossa constituição biológica e as necessidades emocionais básicas que não foram atendidas na nossa infância (Critério 2). Os esquemas são como crenças emocionais intensas sobre si mesmo e sobre os outros. Elas influenciam suas expectativas nas suas relações atuais (Critério 3).

Exemplo de resposta à declaração do cliente no nível intermediário – 2

Esses sentimentos e a sua dificuldade de aceitar os cuidados dos outros indicam um padrão que chamamos de esquema (Critério 1). Ele se desenvolveu porque a sua necessidade normal de cuidados, carinho e amor na infância não foi atendida (Critério 2). A partir dessa necessidade não atendida, você desenvolveu fortes crenças emocionais – que fazem parte do que chamamos de esquema – sobre si mesmo e sobre os outros, que o mantêm nesse estado de vazio (Critério 3).

Exemplo de resposta à declaração do cliente no nível intermediário – 3

Essa dificuldade tem origem no que chamamos de esquema (Critério 1). Suas necessidades normais de orientação não foram atendidas na infância (Critério 2), então você desenvolveu um esquema que inclui fortes crenças sobre como as relações funcionam e como você atua nelas (Critério 3).

Exemplo de resposta à declaração do cliente no nível intermediário – 4

Esse padrão que você está descrevendo é um esquema operando (Critério 1). Os esquemas são formados pelo fato de não ter tido as suas necessidades normais de compreensão e aceitação atendidas quando criança (Critério 2). Esse esquema leva às suas crenças atuais sobre si mesmo e sobre os outros, como a crença de que você não pode receber essas coisas das outras pessoas (Critério 3).

Exemplo de resposta à declaração do cliente no nível intermediário – 5

Esse é um exemplo do que chamamos de esquema (Critério 1). As suas necessidades de apoio e conforto emocional na infância não foram atendidas (Critério 2). Essas experiências criaram um esquema, uma forte crença emocional de que ninguém estará presente para você (Critério 3).

EXEMPLOS DE RESPOSTAS A DECLARAÇÕES DO CLIENTE NO NÍVEL AVANÇADO PARA O EXERCÍCIO 3

Exemplo de resposta à declaração do cliente no nível avançado – 1

Ver a si mesmo como não merecedor de amor parece ser um padrão ou um tema na sua vida – o que chamamos de esquema (Critério 1). Os esquemas são formados a partir da nossa constituição biológica e das necessidades emocionais básicas que não foram adequadamente atendidas na nossa infância (Critério 2). Esse esquema é uma crença emocional forte que o leva a ver a si mesmo como não merecedor de amor e a pensar que as outras pessoas também o veem assim (Critério 3).

Exemplo de resposta à declaração do cliente no nível avançado – 2

Esse parece ser um padrão de ver a si mesmo de forma negativa; é um exemplo daquilo que chamamos de esquema (Critério 1). Ele se desenvolveu porque as suas necessidades normais na infância não foram atendidas (Critério 2). Isso levou a algumas crenças fortes sobre si mesmo, como a crença de que você não tem valor (Critério 3).

Exemplo de resposta à declaração do cliente no nível avançado – 3

O que você está descrevendo, esse padrão ou tema na sua vida, é o que chamamos de esquema. (Critério 1). Os esquemas se desenvolvem quando as necessidades da infância não são atendidas, como o fato de você não receber *feedback* positivo e carinho (Critério 2). Os esquemas são crenças emocionais intensas sobre si mesmo e sobre o mundo. Por exemplo, seus esquemas o influenciam a aceitar essa visão negativa de si mesmo como verdade (Critério 3).

Exemplo de resposta à declaração do cliente no nível avançado – 4

Esse parece ser um padrão de ver a si mesmo como falho e assumir que isso é o que os outros veem. Chamamos isso de esquema (Critério 1). Esse esquema se desenvolveu porque a sua necessidade normal de amor e de ser valorizado não foi atendida na infância (Critério 2). Essas necessidades não atendidas o levaram a desenvolver esta crença sobre si mesmo como "esquisito" (Critério 3).

Exemplo de resposta à declaração do cliente no nível avançado – 5

Essa ideia dolorosa, de que você é inerentemente mau e não amado, é um exemplo de um esquema (Critério 1). Esse esquema se desenvolveu porque as suas necessidades de amor e apoio não foram atendidas na infância (Critério 2). Isso o levou a ter crenças enviesadas de que as suas dificuldades quando criança eram culpa sua e que você tinha defeitos (Critério 3).

Exercício 4

Relacionando necessidades não atendidas, esquema e problema atual

PREPARAÇÃO PARA O EXERCÍCIO 4

1. Leia as instruções no Capítulo 2.
2. Faça *download* do Formulário de reação à prática deliberada e do Formulário diário da prática deliberada disponíveis no material complementar do livro em loja.grupoa.com.br (também disponíveis nos Apêndices A e B, respectivamente).

DESCRIÇÃO DA HABILIDADE
Nível de dificuldade da habilidade: iniciante

Essa habilidade se concentra na relação entre as necessidades da infância do cliente não atendidas na infância e a crença do esquema relacionada ao problema atual. Esse é o início da tradução da visão do cliente sobre o seu problema para os conceitos da TE. Estabelecer essa linguagem dos esquemas no início da terapia fornece aos clientes uma estrutura para ajudar a dar sentido aos seus problemas, facilitando, assim, uma aliança terapêutica positiva.

Nesse exercício, o terapeuta explica o papel das necessidades iniciais não atendidas do cliente no desenvolvimento de um esquema. Depois de fazer isso, o terapeuta sugere uma relação entre esse esquema e possíveis problemas atuais na vida do cliente.

Cada nível de dificuldade das declarações do cliente nesse exercício reflete um de três esquemas:

- esquema de abandono/instabilidade (declarações do cliente no nível iniciante);

- esquema de privação emocional (declarações do cliente no nível intermediário);
- esquema de defectividade/vergonha (declarações do cliente no nível avançado).

Compreender os componentes centrais de cada esquema ajuda os terapeutas a relacionar as necessidades não atendidas do cliente com seus problemas atuais, portanto, a seguir, definimos brevemente os esquemas. (Para mais informações sobre os conceitos centrais da TE, veja o Apêndice C.)

ESQUEMA DE ABANDONO/INSTABILIDADE

Definição

Esse esquema envolve o sentimento de que as pessoas significativas não serão capazes de continuar fornecendo apoio emocional, conexão, força ou proteção prática porque são emocionalmente instáveis e imprevisíveis, não são confiáveis ou estão presentes de forma errática; porque vão morrer em breve; ou porque vão abandoná-lo por alguém melhor.

Necessidade relacionada não atendida

O desenvolvimento desse esquema está frequentemente relacionado com experiências ou percepções da infância de que as pessoas necessárias para apoio e conexão são instáveis, imprevisíveis ou pouco confiáveis.

ESQUEMA DE PRIVAÇÃO EMOCIONAL

Definição

Esse esquema envolve a "expectativa de que o desejo de apoio emocional de uma pessoa não será adequadamente satisfeito pelos outros" (Young et al., 2003, p. 14).

Necessidade relacionada não atendida

O desenvolvimento desse esquema está ligado a três formas principais de privação:

- privação de carinho: ausência de atenção, afeto, cordialidade ou companheirismo;
- privação de empatia: ausência de compreensão, escuta, autorrevelação ou compartilhamento mútuo de sentimentos por parte dos outros;
- privação de proteção: ausência de força, direção ou orientação por parte dos outros.

ESQUEMA DE DEFECTIVIDADE/VERGONHA

Definição

Esse esquema implica "sentir que se é defeituoso, mau, indesejado, inferior ou inválido em aspectos importantes ou que não seria amado por outras pessoas significativas se fosse exposto" (Young et al., 2003, p. 15) e "pode envolver hipersensibilidade ao criticismo, rejeição e culpa; autoconsciência, comparações e insegurança em relação aos outros; ou um sentimento de vergonha em relação às falhas percebidas" (Young et al., 2003, p. 15).

Necessidade relacionada não atendida

Esse esquema está associado à necessidade não atendida de ser aceito, elogiado e de sentir que é amado.

CRITÉRIOS DA HABILIDADE PARA O EXERCÍCIO 4

1. Validar a importância das necessidades que não foram atendidas na experiência da infância do cliente.
2. Sugerir uma relação entre as necessidades iniciais não atendidas do cliente e o desenvolvimento de um esquema.
3. Sugerir uma relação entre o esquema do cliente e possíveis problemas na sua vida adulta.

EXEMPLOS DE RELAÇÃO ENTRE NECESSIDADES NÃO ATENDIDAS, ESQUEMA E PROBLEMA ATUAL

Exemplo 1: esquema de abandono/instabilidade

CLIENTE: [*Triste*] Me senti sozinho a minha vida toda. A minha família se mudava muito por causa do trabalho do meu pai. Nada nunca parecia estável. Era difícil fazer amizades e muitas vezes eu me sentia excluído. Para ser honesto, sinto que vou ficar sozinho para sempre.

TERAPEUTA: Todas as crianças têm uma necessidade de estabilidade – ter pessoas com quem contar e com quem se conectar de forma previsível e consistente. Com todas as mudanças que você experienciou, essa necessidade não foi adequadamente atendida para você (Critério 1). Isso provavelmente levou ao desenvolvimento de um esquema de abandono/instabilidade (Critério 2). Quando esse esquema é ativado agora ou quando você está se sentindo sozinho, isso o leva a acreditar que vai ficar sozinho para sempre (Critério 3).

Exemplo 2: esquema de privação emocional

CLIENTE: [*Triste*] É como se eu tivesse vindo ao mundo com a expectativa de ser um adulto. Nunca recebi qualquer carinho, atenção, orientação ou afeto. Minha mãe estava muito deprimida quando eu era criança e meu pai estava sempre focado em seu trabalho. Tive que descobrir como cuidar de mim mesma. Hoje em dia, parece que não consigo deixar ninguém cuidar de mim. Não estou habituada a isso.

TERAPEUTA: Todas as crianças precisam de carinho, atenção, orientação e afeto. Parece que tudo isso estava ausente na sua infância (Critério 1). Quando essas necessidades não são atendidas, a criança pode formar o que chamamos de esquema de privação emocional (Critério 2). Você aprendeu muito cedo que não podia contar com os adultos da sua vida para atender as suas necessidades, e agora, quando esse esquema é ativado, é difícil aceitar que os outros possam realmente se preocupar com você (Critério 3).

Exemplo 3: esquema de defectividade/vergonha

CLIENTE: [*Frustrado*] Meu pai nunca esperou muito de mim, por isso ele concentrava a sua atenção no meu irmão. Ele sempre fazia piadas sobre mim quando eu ficava chateado. Dizia que eu era fraco e que não era tão inteligente quanto o meu irmão mais velho. Basicamente, ele fazia eu me sentir um derrotado. Acho que talvez ele estivesse certo. As coisas que eu tento fazer nunca dão certo.

TERAPEUTA: Todas as crianças têm a necessidade de serem aceitas e elogiadas e de sentir que são amadas. Infelizmente, parece que você não teve essas necessidades importantes atendidas desde cedo (Critério 1). Quando isso acontece, as crianças podem desenvolver um esquema chamado de defectividade/vergonha (Critério 2). Quando esse esquema é ativado no momento atual, ele provoca emoções dolorosas intensas com a crença subjacente de que você não é suficientemente bom e não merece amor ou atenção. Com base nessas experiências e nesse esquema, não é de admirar que às vezes você sinta que as coisas que tenta fazer nunca vão dar certo (Critério 3).

INSTRUÇÕES PARA O EXERCÍCIO 4
Passo 1: *role-play* e *feedback*
• O cliente faz a primeira declaração do cliente no nível de dificuldade iniciante. O terapeuta improvisa uma resposta com base nos critérios da habilidade. • O instrutor (ou, se não estiver disponível, o cliente) fornece um breve *feedback* com base nos critérios da habilidade. • O cliente, então, repete a mesma declaração, e o terapeuta mais uma vez improvisa uma resposta. O instrutor (ou o cliente) mais uma vez fornece um breve *feedback*.
Passo 2: repetir
• Repita o passo 1 para todas as declarações no nível de dificuldade atual (iniciante, intermediário ou avançado).
Passo 3: avaliar e ajustar a dificuldade
• O terapeuta preenche o Formulário de reação à prática deliberada (veja o Apêndice A) e decide se deve tornar o exercício mais fácil ou mais difícil ou se deve repetir o mesmo nível de dificuldade.
Passo 4: repetir por aproximadamente 15 minutos
• Repita os passos 1 a 3 por pelo menos 15 minutos. • Os aprendizes trocam os papéis de terapeuta e cliente e começam de novo.

→ **Agora é a sua vez! Siga os passos 1 e 2 das instruções.**

Lembre-se: o objetivo do *role-play* é que os aprendizes pratiquem a improvisação de respostas às declarações de cliente de uma forma que (a) utilize os critérios da habilidade e (b) pareça autêntica para o aprendiz. **Exemplos de respostas do terapeuta para cada declaração do cliente são fornecidos no final desse exercício. Os aprendizes devem tentar improvisar as próprias respostas antes de lerem os exemplos.**

DECLARAÇÕES DO CLIENTE NO NÍVEL INICIANTE PARA O EXERCÍCIO 4: ESQUEMA DE ABANDONO/INSTABILIDADE
Declaração do cliente no nível iniciante – 1
[Triste] Me senti sozinho a minha vida toda. A minha família se mudava muito por causa do trabalho do meu pai. Nada nunca parecia estável. Era difícil fazer amizades e muitas vezes eu me sentia excluído. Para ser honesto, sinto que vou ficar sozinho para sempre.
Declaração do cliente no nível iniciante – 2
[Sem esperança] Todas as pessoas que um dia eu amei me deixaram ou morreram. Não vale a pena estabelecer relações.
Declaração do cliente no nível iniciante – 3
[Irritado] Eu sei que as pessoas não são confiáveis. Meu pai prometeu que sempre estaria presente para mim, mas depois desapareceu da minha vida quando eu ainda era uma criança. As pessoas prometem que vão estar lá nos momentos difíceis, mas não cumprem a promessa.
Declaração do cliente no nível iniciante – 4
[Ansioso] Quando era criança, eu nunca sabia qual seria o estado de espírito da minha mãe. Aprendi a estar preparada para os dias em que ela nem sequer falava comigo. Até hoje, ainda me preocupo com o fato de as pessoas serem imprevisíveis. Honestamente, acho que é isso que me deixa tão nervosa ao vir falar com você.
Declaração do cliente no nível iniciante – 5
[Sem esperança] É muito difícil me permitir relaxar e desfrutar dos meus novos amigos. A minha vida sempre foi ter que juntar tudo e me mudar de um lugar para outro. Sei que é apenas uma questão de tempo até que eles mudem, ou que eu tenha que me mudar de novo.

Avalie e ajuste a dificuldade antes de passar para o próximo nível de dificuldade (veja o passo 3 nas instruções do exercício).

DECLARAÇÕES DO CLIENTE NO NÍVEL INTERMEDIÁRIO PARA O EXERCÍCIO 4: ESQUEMA DE PRIVAÇÃO EMOCIONAL

Declaração do cliente no nível intermediário – 1

[Triste] É como se eu tivesse vindo ao mundo com a expectativa de ser um adulto. Nunca recebi qualquer atenção ou orientação. Minha mãe estava muito deprimida quando eu era criança e meu pai estava sempre focado em seu trabalho. Tive que descobrir como cuidar de mim mesma. Hoje em dia, parece que não consigo deixar ninguém cuidar de mim. Não estou habituada a isso.

Declaração do cliente no nível intermediário – 2

[Sem esperança] Nunca encontrei ninguém que realmente me entendesse ou aceitasse. A minha família com certeza não o fazia. De que adianta desejar o impossível?

Declaração do cliente no nível intermediário – 3

[Objetivamente] Nunca tive qualquer orientação quando criança, então aprendi a tomar decisões sozinho. Percebo que isso causa problemas no meu casamento, mas parece que não consigo compartilhar o que preciso com a minha esposa, simplesmente não parece natural para mim.

Declaração do cliente no nível intermediário – 4

[Triste] Não tenho nada para dar a um parceiro e nunca me senti cuidada ou amada. Ninguém estava presente para mim quando criança e agora eu não saberia o que fazer com expressões de carinho. Isso me deixa muito desconfortável.

> ✋ **Avalie e ajuste a dificuldade antes de passar para o próximo nível de dificuldade (veja o passo 3 nas instruções do exercício).**

DECLARAÇÕES DO CLIENTE NO NÍVEL AVANÇADO PARA O EXERCÍCIO 4: ESQUEMA DE DEFECTIVIDADE/VERGONHA
Declaração do cliente no nível avançado – 1
[Objetivamente] Sempre tive que resolver as coisas sozinha. Desde pequena, tive que aprender a me consolar quando estava assustada ou preocupada. Mostrar qualquer carência não era tolerado na minha família; na verdade, isso era tratado com irritação ou simplesmente me ignorando.
Declaração do cliente no nível avançado – 2
[Frustrado] Meu pai nunca esperou muito de mim, por isso ele concentrava a sua atenção no meu irmão. Ele sempre fazia piadas sobre mim quando eu ficava chateado. Dizia que eu era fraco e que não era tão inteligente quanto o meu irmão mais velho. Basicamente, ele fazia eu me sentir um derrotado. Acho que talvez ele estivesse certo. As coisas que eu tento fazer nunca dão certo.
Declaração do cliente no nível avançado – 3
[Deprimido] Bem, na verdade, não é de admirar que meu marido tenha me deixado. Por que ele iria querer ficar com alguém como eu? Você vai entender melhor quando realmente me conhecer. Até a minha mãe na verdade não gostava de mim.
Declaração do cliente no nível avançado – 4
[Zangado] É melhor que eu encare o fato de que sou um derrotado. Nunca consegui realizar tanto quanto a minha família, e eles sempre fizeram questão de me lembrar disso. Aquele velho clichê sobre a "ovelha negra" se encaixa perfeitamente para mim.
Declaração do cliente no nível avançado – 5
[Estressado] Eu sou esquisito. Eu sei que você também vê isso. Provavelmente você nunca tentou trabalhar com alguém tão ferrado como eu. Até meus pais desistiram de mim, quando eu tinha 12 anos.
Declaração do cliente no nível avançado – 6
[Triste] E se eu for apenas alguém que não merece ser amado? Quero dizer, talvez eu já tenha nascido mau. Sem dúvida, eu fui uma criança difícil, que nunca fez nada direito, de acordo com a minha família.

> ✋ Avalie e ajuste a dificuldade aqui (veja o passo 3 nas instruções do exercício). Se apropriado, siga as instruções para tornar o exercício ainda mais desafiador (veja o Apêndice A).

EXEMPLOS DE RESPOSTAS DO TERAPEUTA: RELACIONANDO NECESSIDADES NÃO ATENDIDAS, ESQUEMA E PROBLEMA ATUAL

Lembre-se: os aprendizes devem tentar improvisar suas próprias respostas antes de lerem os exemplos. **Não leia as seguintes respostas textualmente, a não ser que esteja com dificuldade para elaborar suas próprias respostas!**

EXEMPLOS DE RESPOSTAS A DECLARAÇÕES DO CLIENTE NO NÍVEL INICIANTE PARA O EXERCÍCIO 4: ESQUEMA DE ABANDONO/INSTABILIDADE

Exemplo de resposta à declaração do cliente no nível iniciante – 1

Toda criança precisa de estabilidade – ter pessoas com quem contar e com quem se conectar de forma previsível e consistente. Com todas as mudanças que você experimentou, essa sua necessidade não foi atendida adequadamente (Critério 1). Isso provavelmente levou ao desenvolvimento de um esquema de abandono/instabilidade (Critério 2). Quando esse esquema é ativado atualmente ou quando você está se sentindo só, isso o leva a acreditar que você vai ficar sozinho para sempre (Critério 3).

Exemplo de resposta à declaração do cliente no nível iniciante – 2

Toda criança precisa saber que há alguém com quem ela pode contar de uma forma previsível e estável, alguém que não vai embora (Critério 1). Considerando as perdas que você sofreu, essa necessidade não foi satisfeita, levando ao desenvolvimento de um esquema de abandono/instabilidade (Critério 2). A ideia de estabelecer novas relações atualmente ativa esse esquema e você sente que isso não vai resultar em nada (Critério 3).

Exemplo de resposta à declaração do cliente no nível iniciante – 3

Toda criança precisa sentir que há alguém que estará presente para ela, alguém com quem pode contar, alguém que não vai embora (Critério 1). No início da sua vida, seu pai não cumpriu suas promessas, levando-o a desenvolver um esquema de abandono/instabilidade (Critério 2). Quando esse esquema é ativado, é difícil imaginar que seja possível realmente confiar que alguém vai estar presente para você (Critério 3).

Exemplo de resposta à declaração do cliente no nível iniciante – 4

Toda criança precisa que seus pais sejam estáveis, que estejam presentes e sintonizados (Critério 1). Levando em conta o humor imprevisível da sua mãe, você desenvolveu um esquema de abandono/instabilidade (Critério 2). O desencadear desse esquema o leva a sentir que até mesmo eu posso não ser confiável e que posso me afastar de você (Critério 3).

Exemplo de resposta à declaração do cliente no nível iniciante – 5

Toda criança precisa de estabilidade – ter pessoas com quem contar e com quem se conectar de forma consistente (Critério 1). Considerando todas as mudanças e perdas que você experienciou quando criança, essa necessidade não foi adequadamente atendida, o que levou ao esquema de abandono/instabilidade (Critério 2). Quando esse esquema é ativado atualmente, você acredita que as suas relações inevitavelmente vão acabar (Critério 3).

EXEMPLOS DE RESPOSTAS A DECLARAÇÕES DO CLIENTE NO NÍVEL INTERMEDIÁRIO PARA O EXERCÍCIO 4: ESQUEMA DE PRIVAÇÃO EMOCIONAL
Exemplo de resposta à declaração do cliente no nível intermediário – 1
Toda criança precisa de carinho, atenção, orientação e afeto. Esses aspectos parecem ter estado ausentes na sua infância (Critério 1). Quando essas necessidades não são atendidas, a criança pode formar aquilo que chamamos de esquema de privação emocional (Critério 2). Você aprendeu muito cedo que não podia contar com os adultos da sua vida para atender suas necessidades, e agora, quando esse esquema é ativado, é difícil aceitar que os outros possam realmente se preocupar com você (Critério 3).
Exemplo de resposta à declaração do cliente no nível intermediário – 2
Toda criança precisa se sentir compreendida e aceita (Critério 1). O fato de não ter essa necessidade atendida quando criança leva ao desenvolvimento de um esquema de privação emocional (Critério 2). Quando esse esquema é ativado atualmente, você acha que não vale a pena tentar conectar-se com alguém porque acredita que essa pessoa também não será capaz de vê-lo ou aceitá-lo (Critério 3).
Exemplo de resposta à declaração do cliente no nível intermediário – 3
Toda criança precisa ter a orientação e o apoio dos seus cuidadores. Isso prepara a criança para ser capaz de se conectar e ser autônoma (Critério 1). O fato de não ter tido essa orientação no início da sua vida o levou a desenvolver um esquema de privação emocional (Critério 2). Quando ativado no seu casamento, isso o leva a ter dificuldade para pedir o que precisa (Critério 3).
Exemplo de resposta à declaração do cliente no nível intermediário – 4
Toda criança precisa se sentir vista, amada e cuidada, ser valorizada pelo simples fato de ser a pessoa preciosa que ela é (Critério 1). Essa sua necessidade não foi adequadamente atendida, o que levou ao que chamamos de esquema de privação emocional – uma crença emocional intensa de que não se pode contar com ninguém para receber amor e cuidados (Critério 2). Atualmente, quando alguém se mostra carinhoso quando você precisa, o esquema é ativado, deixando-o confuso e desconfortável (Critério 3).

EXEMPLOS DE RESPOSTAS A DECLARAÇÕES DO CLIENTE NO NÍVEL AVANÇADO PARA O EXERCÍCIO 4: ESQUEMA DE DEFECTIVIDADE/VERGONHA
Exemplo de resposta à declaração do cliente no nível avançado – 1
Toda criança precisa saber que seus sentimentos são importantes e ser aceita e amada quando está feliz, assustada, zangada ou triste (Critério 1). Fizeram você sentir que estava fazendo algo de errado quando ficava assustado ou preocupado, o que levou ao desenvolvimento de um esquema de defectividade/vergonha (Critério 2). Dadas as suas experiências iniciais, quando esse esquema é ativado, você pode sentir que não consegue expressar seus sentimentos ou permitir que outra pessoa o conforte (Critério 3).
Exemplo de resposta à declaração do cliente no nível avançado – 2
Toda criança tem a necessidade de ser aceita, elogiada e sentir que é amada. Infelizmente, parece que você não teve essas necessidades importantes atendidas desde cedo (Critério 1). Quando isso acontece, as crianças podem desenvolver um esquema chamado de defectividade/vergonha (Critério 2). Quando esse esquema é ativado atualmente, provoca emoções dolorosas intensas com a crença subjacente de que você não se é suficientemente bom e não é digno de amor ou atenção. Levando em consideração essas experiências e esse esquema, não é de admirar que às vezes você sinta que as coisas que tenta fazer nunca vão dar certo (Critério 3).
Exemplo de resposta à declaração do cliente no nível avançado – 3
Toda criança precisa saber que é amada (Critério 1). Dadas as suas experiências com sua mãe, esta necessidade não foi atendida, provavelmente levando a um esquema de defectividade/vergonha (Critério 2). Atualmente, quando o esquema é ativado, você assume a culpa pela decisão do seu marido, do mesmo modo que foi ensinada a acreditar quando era criança (Critério 3).
Exemplo de resposta à declaração do cliente no nível avançado – 4
Toda criança precisa sentir que é amada e aceita sem que precise satisfazer quaisquer condições, sem ter que competir ou provar o seu valor (Critério 1). Ser tratado como se fosse inferior aos membros da sua família levou ao desenvolvimento de um esquema de defectividade/vergonha (Critério 2). Quando esse esquema é ativado hoje em dia, você pode ter dificuldade para acreditar que não é "um derrotado" e que é suficientemente bom (Critério 3).
Exemplo de resposta à declaração do cliente no nível avançado – 5
Toda criança precisa sentir amor e aceitação por parte dos seus cuidadores (Critério 1). Desde cedo, fizeram você se sentir inaceitável, o que levou a um esquema chamado de defectividade/vergonha (Critério 2). Quando esse esquema é ativado, mesmo nas suas interações comigo, isso faz você se sentir inadequado e inaceitável (Critério 3).
Exemplo de resposta à declaração do cliente no nível avançado – 6
Toda criança nasce inocente e vulnerável, com a necessidade e o direito de ser amada e cuidada. Nenhuma criança nasce má (Critério 1). Dada esta necessidade não atendida no início da sua vida, você desenvolveu um esquema que chamamos de defectividade/vergonha (Critério 2). Isso fez com que a vida inteira você sentisse que não é digno de ser amado, como se tivesse feito algo de errado (Critério 3).

Exercício 5

Educação sobre modos esquemáticos desadaptativos

PREPARAÇÃO PARA O EXERCÍCIO 5

1. Leia as instruções no Capítulo 2.
2. Faça *download* do Formulário de reação à prática deliberada e do Formulário diário da prática deliberada disponíveis no material complementar do livro em loja.grupoa.com.br (também disponíveis nos Apêndices A e B, respectivamente).

DESCRIÇÃO DA HABILIDADE

Nível de dificuldade da habilidade: intermediário

Esta habilidade se concentra em apresentar ao cliente o conceito de *modos esquemáticos*. Chamados simplesmente de *modos*, eles são definidos como os estados emocional, cognitivo, comportamental e neurobiológico atuais que uma pessoa experimenta. Em outras palavras, os modos são estados transitórios, em contraste com os esquemas, que se assemelham mais a traços estáveis. Os modos podem ser desadaptativos ou saudáveis e adaptativos. Os modos desadaptativos são aspectos do *self* que não estão totalmente integrados e ocorrem mais frequentemente quando vários esquemas desadaptativos são ativados. Os modos desadaptativos são caracterizados por emoções intensas, estressantes ou dolorosas, pensamentos e mensagens duros e/ou críticos, ou comportamentos problemáticos ou extremos. É importante que o terapeuta aponte o desencadeante ou a rápida mudança para os modos desadaptativos quando eles ocorrem, para que o cliente possa tomar consciência deles. Essa conscientização é um passo inicial importante para uma mudança saudável no modelo da TE.

Para esse exercício, o terapeuta improvisa uma resposta para cada declaração do cliente seguindo esses critérios de habilidade:

1. Comece suas intervenções conscientizando quanto à ativação de um modo esquemático desadaptativo. Um modo ativado é frequentemente identificado pela intensidade emocional, desconexão ou pensamentos críticos extremos do cliente.
2. Eduque os clientes sobre as noções básicas de modos esquemáticos. Isso, juntamente à educação sobre os esquemas (veja os Exercícios 2 e 3 neste livro), fornece aos clientes uma justificativa para suas reações e experiências intensas que, de outra forma, poderiam parecer incompreensíveis para eles.

CRITÉRIOS DA HABILIDADE PARA O EXERCÍCIO 5

1. Apontar os comportamentos do cliente que sugerem que um modo desadaptativo foi ativado.
2. Explicar a definição básica dos modos esquemáticos em termos de partes do *self* ou estados transitórios que são desencadeados quando os esquemas são ativados.

EXEMPLOS DE EDUCAÇÃO SOBRE MODOS ESQUEMÁTICOS DESADAPTATIVOS

Exemplo 1

CLIENTE: [*Sem esperança*] Esperei todo o fim de semana que o meu namorado me ligasse. Sua rejeição é tão humilhante. Quanto mais falo sobre isso, mais me sinto desvalorizada.

TERAPEUTA: Parece que você está tendo uma sensação intensa de desesperança nesse momento (Critério 1). Esse é um exemplo do que chamamos de modo. Os modos são estados emocionais, cognitivos ou comportamentais que são desencadeados quando nossos esquemas são ativados (Critério 2).

Exemplo 2

CLIENTE: [*Autocrítico*] Não estou preparado para essa entrevista e preciso muito desse emprego. O que eu estava pensando? Vou fazer papel de bobo. O que há de errado comigo?

TERAPEUTA: Há aquela parte de você que se critica duramente de uma forma que não lhe ajuda (Critério 1). Essa parte é o que chamamos de modo esquemático. Um modo é uma parte de você que se desenvolveu na infância, quando são formadas mensagens negativas sobre nós (Critério 2).

Exemplo 3

CLIENTE: [*Zangado*] Sinto muita raiva agora quando penso em como eu tinha pouca segurança quando era criança. Foi criminosa a forma como fui tratado. Foi tão injusto! Meus pais deviam estar na cadeia.

TERAPEUTA: Parece que você está sentindo a raiva intensa que não conseguiu expressar quando criança (Critério 1). Isso é o que chamamos de modo esquemático, e é desencadeado em resposta a esquemas ativados por memórias das suas necessidades da infância que não foram atendidas (Critério 2).

INSTRUÇÕES PARA O EXERCÍCIO 5

Passo 1: *role-play* e *feedback*

- O cliente faz a primeira declaração do cliente no nível de dificuldade iniciante. O terapeuta improvisa uma resposta com base nos critérios da habilidade.
- O instrutor (ou, se não estiver disponível, o cliente) fornece um breve *feedback* com base nos critérios da habilidade.
- O cliente, então, repete a mesma declaração, e o terapeuta mais uma vez improvisa uma resposta. O instrutor (ou o cliente) mais uma vez fornece um breve *feedback*.

Passo 2: repetir

- Repita o passo 1 para todas as declarações no nível de dificuldade atual (iniciante, intermediário ou avançado).

Passo 3: avaliar e ajustar a dificuldade

- O terapeuta preenche o Formulário de reação à prática deliberada (veja o Apêndice A) e decide se deve tornar o exercício mais fácil ou mais difícil ou se deve repetir o mesmo nível de dificuldade.

Passo 4: repetir por aproximadamente 15 minutos

- Repita os passos 1 a 3 por pelo menos 15 minutos.
- Os aprendizes trocam os papéis de terapeuta e cliente e começam de novo.

> **Agora é a sua vez! Siga os passos 1 e 2 das instruções.**

Lembre-se: o objetivo do *role-play* é que os aprendizes pratiquem a improvisação de respostas às declarações de cliente de uma forma que (a) utilize os critérios da habilidade e (b) pareça autêntica para o aprendiz. **Exemplos de respostas do terapeuta para cada declaração do cliente são fornecidos no final desse exercício. Os aprendizes devem tentar improvisar as próprias respostas antes de lerem os exemplos.**

DECLARAÇÕES DO CLIENTE NO NÍVEL INICIANTE PARA O EXERCÍCIO 5
Declaração do cliente no nível iniciante – 1
[Sem esperança] Esperei todo o fim de semana que o meu namorado me ligasse. Sua rejeição é tão humilhante. Quanto mais falo sobre isso, mais me sinto desvalorizada.
Declaração do cliente no nível iniciante – 2
[Triste] Nunca me senti amada quando criança ou que fosse importante para alguém. Tenho uma sensação horrível de naufrágio só de me lembrar disso.
Declaração do cliente no nível iniciante – 3
[Zangado] Sinto muita raiva agora quando penso em como eu tinha pouca segurança quando era criança. Foi criminosa a forma como fui tratado. Foi tão injusto! Meus pais deviam estar na cadeia.
Declaração do cliente no nível iniciante – 4
[Zangado] Mais uma vez, ninguém me convidou para almoçar hoje. Os meus colegas de trabalho fazem seus planos para o almoço e me ignoram como se eu fosse invisível. Quer saber? Ninguém precisa deles! De qualquer forma, são todos chatos e pouco interessantes. Eles têm inveja de mim.
Declaração do cliente no nível iniciante – 5
[Sem esperança] Não sei porque eu esperava que o encontro corresse bem. Eu deveria simplesmente aceitar que sou um derrotado que ninguém quer ter por perto. Até a minha mãe particularmente não gostava de mim e dizia que eu era uma decepção.

> ✋ **Avalie e ajuste a dificuldade antes de passar para o próximo nível de dificuldade (veja o passo 3 nas instruções do exercício).**

DECLARAÇÕES DO CLIENTE NO NÍVEL INTERMEDIÁRIO PARA O EXERCÍCIO 5

Declaração do cliente no nível intermediário – 1

[**Autocrítico**] Não estou preparado para essa entrevista e preciso muito desse emprego. O que eu estava pensando? Vou fazer papel de bobo. O que há de errado comigo?

Declaração do cliente no nível intermediário – 2

[**Autodepreciativo**] Tenho me sentido perturbada desde o divórcio, mas sei que estou dando muita importância a isso e agindo como uma resmungona. Eu deveria ser capaz de prosseguir com a minha vida.

Declaração do cliente no nível intermediário – 3

[**Aborrecido**] É tão difícil acreditar que a minha melhor amiga de 30 anos vai mesmo se mudar para tão longe no mês que vem. Não consigo imaginar como vou seguir a minha vida sem o seu apoio constante. É como quando o meu pai nos deixou tantos anos atrás.

Declaração do cliente no nível intermediário – 4

[**Zangado**] Já lhe disse que não sinto as coisas; não sei porque você continua perguntando sobre os meus sentimentos. Essas coisas emocionais não são para mim. Tenho uma vida muito ocupada.

Declaração do cliente no nível intermediário – 5

[**Calmo**] Não sei bem por que que estou aqui. Não consigo descobrir nenhum objetivo para mim. [**Subitamente autocrítico**] Eu sou desperdício humano. O meu pai tinha razão, eu sou um desperdício.

> **Avalie e ajuste a dificuldade antes de passar para o próximo nível de dificuldade (veja o passo 3 nas instruções do exercício).**

DECLARAÇÕES DO CLIENTE NO NÍVEL AVANÇADO PARA O EXERCÍCIO 5

Declaração do cliente no nível avançado – 1

[Zangado] Não posso acreditar que você está tirando férias esse mês, logo quando estou lidando com tanto estresse e estou tão sozinha. Você diz que se preocupa comigo, mas é igual a todos os outros. Eu odeio você.

Declaração do cliente no nível avançado – 2

[Positivo] Eu aproveito muito as nossas sessões. Sinto-me segura aqui. [Subitamente ansiosa] Mas talvez eu esteja ficando muito dependente de você. Por que não mudamos nossas sessões para uma vez por mês?

Declaração do cliente no nível avançado – 3

[Receosa] Tenho tanto medo de também te afastar, assim como a todos os outros na minha vida. [Subitamente autocrítica] Você deve estar tão farto de mim. Sei que fiz algum progresso, mas não me esforço o suficiente. Tudo o que faço é me queixar da minha vida.

Declaração do cliente no nível avançado – 4

[Ansiosa] Ontem à noite, tive um pesadelo terrível em que o primo mais velho que abusou sexualmente de mim estava na porta da minha casa. Passei o dia todo assustada e nervosa. [De repente fica indiferente] Oh, estou sendo tão estúpida. Isso aconteceu há anos. Não tenho razão para sentir nada sobre isso. Não é nada de especial.

Declaração do cliente no nível avançado – 5

[Culpada] Eu adoraria dormir um pouco mais tarde aos sábados e passar algum tempo com o meu marido, mas minha mãe fica tão deprimida quando não lhe telefono de manhã cedo. Ela precisa muito de mim, e sempre precisou. Sinto-me tão culpada só de falar nisso agora.

> **Avalie e ajuste a dificuldade aqui (veja o passo 3 nas instruções do exercício). Se apropriado, siga as instruções para tornar o exercício ainda mais desafiador (veja o Apêndice A).**

EXEMPLOS DE RESPOSTAS DO TERAPEUTA: EDUCAÇÃO SOBRE MODOS ESQUEMÁTICOS DESADAPTATIVOS

Lembre-se: os aprendizes devem tentar improvisar suas próprias respostas antes de lerem os exemplos. **Não leia as seguintes respostas textualmente, a não ser que esteja com dificuldade para elaborar suas próprias respostas!**

EXEMPLOS DE RESPOSTAS A DECLARAÇÕES DO CLIENTE NO NÍVEL INICIANTE PARA O EXERCÍCIO 5

Exemplo de resposta à declaração do cliente no nível iniciante – 1

Parece que você está com um intenso sentimento de desesperança (Critério 1). Esse estado é um exemplo do que chamamos de modo. Os modos são estados emocionais, cognitivos ou comportamentais que são desencadeados quando os nossos esquemas são ativados (Critério 2).

Exemplo de resposta à declaração do cliente no nível iniciante – 2

Então você está sentindo essas emoções dolorosas nesse momento, quando relembra a sua infância (Critério 1). Esse é um exemplo do que chamamos de um modo que está sendo desencadeado (Critério 2).

Exemplo de resposta à declaração do cliente no nível iniciante – 3

Parece que você está sentindo uma raiva intensa que não conseguia expressar quando era criança (Critério 1). Isso é o que chamamos de modo esquemático. Trata-se de um estado que é ativado em resposta às memórias das necessidades da sua infância que não foram atendidas (Critério 2).

Exemplo de resposta à declaração do cliente no nível iniciante – 4

Posso perceber a sua raiva surgindo enquanto você descreve esta situação (Critério 1). Isso é o que chamamos de modo esquemático. Os modos são desencadeados quando os esquemas são ativados em resposta a um evento desencadeante (Critério 2).

Exemplo de resposta à declaração do cliente no nível iniciante – 5

Isso me parece um julgamento muito duro e extremo (Critério 1). Acho que um modo foi desencadeado – a parte de você que aparece quando você se sente menos que perfeito e um esquema é ativado (Critério 2).

EXEMPLOS DE RESPOSTAS A DECLARAÇÕES DO CLIENTE NO NÍVEL INTERMEDIÁRIO PARA O EXERCÍCIO 5

Exemplo de resposta à declaração do cliente no nível intermediário – 1

Você acabou de mudar para uma parte de você que é duramente crítica de uma forma que não é útil (Critério 1). Esta parte é o que chamamos de modo esquemático. Um modo é uma parte de nós que se desenvolveu na infância, quando são formadas mensagens negativas sobre nós (Critério 2).

Exemplo de resposta à declaração do cliente no nível intermediário – 2

Posso perceber uma parte de você que o julga duramente (Critério 1). Esta parte é o que chamamos de modo esquemático. Ela se formou a partir de experiências na infância, quando as necessidades não foram atendidas (Critério 2).

Exemplo de resposta à declaração do cliente no nível intermediário – 3

Posso perceber que você parece perturbado quando me descreve isso e que se lembra de uma perda anterior (Critério 1). Acho que você mudou para outra parte sua, um modo esquemático, que se formou quando era criança e enfrentava perdas (Critério 2).

Exemplo de resposta à declaração do cliente no nível intermediário – 4

Posso perceber que você ficou zangado (Critério 1). Esse lado zangado pode ser um modo esquemático, uma parte de você que aparece para impedi-lo de expor qualquer vulnerabilidade. Isso pode ser algo que você aprendeu na infância como uma forma de lidar com as emoções (Critério 2).

Exemplo de resposta à declaração do cliente no nível intermediário – 5

Parece que você está em um estado muito autocrítico (Critério 1). Esse pode ser um modo esquemático, algo que você aprendeu a fazer quando era criança (Critério 2).

EXEMPLOS DE RESPOSTAS A DECLARAÇÕES DO CLIENTE NO NÍVEL AVANÇADO PARA O EXERCÍCIO 5

Exemplo de resposta à declaração do cliente no nível avançado – 1

Posso ver como você se sente perturbado e sozinho ao pensar na minha ausência (Critério 1). Essa reação é um modo esquemático, que é ativado quando você sente uma possível perda em uma relação importante. É a parte de você que reage aos seus esquemas que estão sendo ativados (Critério 2).

Exemplo de resposta à declaração do cliente no nível avançado – 2

Você parece ter receio da proximidade (Critério 1). Acho que você mudou para o que chamamos de modo esquemático. Esse modo é uma parte de você que teme e evita a proximidade e é desencadeado quando os esquemas são ativados (Critério 2).

Exemplo de resposta à declaração do cliente no nível avançado – 3

Posso perceber que você está sendo duramente severo e crítico consigo mesmo (Critério 1). Acho que essa parte de você é desencadeada quando os esquemas relacionados ao autocriticismo são ativados. Chamamos essa reação de modo esquemático (Critério 2).

Exemplo de resposta à declaração do cliente no nível avançado – 4

Parece que você está se criticando por ter sentimentos (Critério 1). Essa parte dura de você é um modo esquemático. Ela foi desencadeada quando alguns dos seus esquemas relacionados a ter sentimentos foram ativados (Critério 2).

Exemplo de resposta à declaração do cliente no nível avançado – 5

Querer ter um pouco de tempo para si mesmo parece ser um desejo razoável, mas você sente muita culpa por isso (Critério 1). Esse pode ser um modo esquemático que foi desenvolvido na sua relação inicial com a sua mãe; é como uma parte de você que é desencadeada sempre que seus esquemas são ativados (Critério 2).

Exercício 6

Reconhecendo as mudanças de modo dos modos de enfrentamento desadaptativo

PREPARAÇÃO PARA O EXERCÍCIO 6

1. Leia as instruções no Capítulo 2.
2. Faça *download* do Formulário de reação à prática deliberada e do Formulário diário da prática deliberada disponíveis no material complementar do livro em loja.grupoa.com.br (também disponíveis nos Apêndices A e B, respectivamente).

DESCRIÇÃO DA HABILIDADE

Nível de dificuldade da habilidade: intermediário

Os modos de enfrentamento desadaptativo são um tipo específico de modo esquemático. Esses modos são desencadeados para lidar com as experiências difíceis resultantes de esquemas ativados. Por exemplo, um cliente pode "trocar" para um modo de enfrentamento desadaptativo evitativo, subitamente se desligando de emoções dolorosas desencadeadas pelos esquemas. Os marcadores do cliente que sinalizam uma possível mudança para um modo de enfrentamento desadaptativo incluem uma mudança repentina na expressão facial e no tom de voz; rapidamente desconectar-se emocionalmente, ficar quieto ou encolher os ombros; e desviar o olhar ou subitamente ficar zangado ou frustrado, inclusive com o terapeuta.

Os clientes podem ter dificuldade em notar a ativação dos seus modos de enfrentamento, ou uma *mudança de modo*, porque essas mudanças tendem a ocorrer rapidamente e, em grande parte, fora da percepção consciente. Assim, os terapeutas muitas vezes precisam chamar a atenção para as mudanças de modo. Esse exercício foca em apontar e perguntar sobre as mudanças dos clientes para um modo de enfrentamento à medida que eles ocorrem durante a sessão. Todas as declarações do cliente nesse exercício representam uma mudança repentina para um modo de enfrentamento desadaptativo (veja o Apêndice C para uma lista completa dos modos de enfrentamento desadaptativo). As respostas do terapeuta devem chamar a atenção do cliente para essa mudança e indagar sobre ela de uma maneira exploratória.

> **CRITÉRIOS DA HABILIDADE PARA O EXERCÍCIO 6**
>
> 1. Apontar uma mudança ou reação emocional no comportamento do cliente.
> 2. Indagar sobre a capacidade do cliente de reconhecer essa mudança.
> 3. Levantar a possibilidade de que um modo de enfrentamento tenha sido ativado. (Você não precisa identificar o tipo específico de modo de enfrentamento que está sendo ativado.)

EXEMPLOS DE RECONHECIMENTO DAS MUDANÇAS DE MODO DOS MODOS DE ENFRENTAMENTO DESADAPTATIVO

Exemplo 1

CLIENTE: [*Triste*] Sim, tenho me sentido mais só ultimamente... [*Desligado, mudança para o modo protetor desligado*] Mas isso não é tão importante, eu não me importo. Quero falar sobre a entrevista de emprego que terei em breve.

TERAPEUTA: Noto que você começa a responder, e então para e muda de assunto (Critério 1). Você tem consciência disso? (Critério 2) Esse pode ser o seu modo de enfrentamento (Critério 3).

Exemplo 2

CLIENTE: [*Triste*] Ainda estou muito triste por ter perdido o meu ex... [*Zangada, muda para o modo provocador/ataque*]. Não sei por que você fica me perguntando sobre como me senti quando meu ex me deixou. Você está começando a parecer um Dr. Phil* de segunda classe.

TERAPEUTA: Percebo que quando toma consciência dos seus sentimentos de dor e mágoa, você muda a conversa para me falar sobre uma inadequação que vê em mim (Critério 1). É como se você quisesse se distrair dos seus sentimentos feridos

---

* N. de E.: Dr. Phil é um psicólogo estadunidense, conhecido por participar de programas de TV como consultor de comportamento e relações humanas e oferecer conselhos para solucionar problemas de participantes convidados.

tentando ferir os meus. Você tem consciência disso? (Critério 2) É possível que um modo de enfrentamento esteja assumindo o controle? (Critério 3)

Exemplo 3

CLIENTE: [*Receoso*] Sei que você deve estar ficando farto das minhas queixas e da minha raiva, e tenho medo que você tente me transferir para outro terapeuta. [*Zangado, muda para o modo protetor zangado*]. Isso não causa surpresa, na verdade essa é a história da minha vida. Ninguém realmente se importa. Você é como todos os outros. Você diz que se preocupa comigo, mas também não vai cumprir a sua promessa. Você vai simplesmente me deixar.

TERAPEUTA: Você começou a me falar sobre seus medos e depois mudou para a expressão de muita raiva (Critério 1). Você está consciente do que acabou de acontecer? (Critério 2) Acho que um modo de enfrentamento foi ativado para não sentir os seus medos (Critério 3).

INSTRUÇÕES PARA O EXERCÍCIO 6
Passo 1: *role-play* e *feedback*
• O cliente faz a primeira declaração do cliente no nível de dificuldade iniciante. O terapeuta improvisa uma resposta com base nos critérios da habilidade. • O instrutor (ou, se não estiver disponível, o cliente) fornece um breve *feedback* com base nos critérios da habilidade. • O cliente, então, repete a mesma declaração, e o terapeuta mais uma vez improvisa uma resposta. O instrutor (ou o cliente) mais uma vez fornece um breve *feedback*.
Passo 2: repetir
• Repita o passo 1 para todas as declarações no nível de dificuldade atual (iniciante, intermediário ou avançado).
Passo 3: avaliar e ajustar a dificuldade
• O terapeuta preenche o Formulário de reação à prática deliberada (veja o Apêndice A) e decide se deve tornar o exercício mais fácil ou mais difícil ou se deve repetir o mesmo nível de dificuldade.
Passo 4: repetir por aproximadamente 15 minutos
• Repita os passos 1 a 3 por pelo menos 15 minutos. • Os aprendizes trocam os papéis de terapeuta e cliente e começam de novo.

→ **Agora é a sua vez! Siga os passos 1 e 2 das instruções.**

Lembre-se: o objetivo do *role-play* é que os aprendizes pratiquem a improvisação de respostas às declarações de cliente de uma forma que (a) utilize os critérios da habilidade e (b) pareça autêntica para o aprendiz. **Exemplos de respostas do terapeuta para cada declaração do cliente são fornecidos no final desse exercício. Os aprendizes devem tentar improvisar as próprias respostas antes de lerem os exemplos.**

DECLARAÇÕES DO CLIENTE NO NÍVEL INICIANTE PARA O EXERCÍCIO 6
Declaração do cliente no nível iniciante – 1
[Triste] Me senti muito triste e derramei algumas lágrimas quando minha amiga telefonou de última hora e cancelou os nossos planos. **[Otimista, troca para o modo protetor evitativo]** Não sei por que estou reagindo tanto; afinal, isso não é grande coisa.
Declaração do cliente no nível iniciante – 2
[Zangado] Fui ludibriado por não ter tido a oportunidade de realmente conhecer o meu pai. **[Depreciativo, troca para o modo protetor zangado]** Na verdade, não perdi nada – ele era um idiota.
Declaração do cliente no nível iniciante – 3
[Triste] Nunca me senti amado quando criança ou que fosse importante para alguém. **[Desorientado, troca para o modo protetor desligado]** Foi sobre isso que você me perguntou? Me deu um branco.
Declaração do cliente no nível iniciante – 4
[Triste] Mais uma vez, ninguém me convidou para almoçar hoje. Meus colegas de trabalho fazem seus planos para o almoço e me ignoram como se eu fosse invisível. **[Zangado, troca para o modo de autoengrandecimento]** Quer saber? Ninguém precisa deles! De qualquer forma, são todos chatos e pouco interessantes. Eles têm inveja de mim.
Declaração do cliente no nível iniciante – 5
[Zangado] Me sinto muito zangado agora quando penso na pouca segurança que eu tinha quando criança. Era criminosa a forma como eu era tratado. **[Sem emoção, troca para o protetor desligado]** Acho que estou sendo sensível demais. O que não me mata, me fortalece.

✋ **Avalie e ajuste a dificuldade antes de passar para o próximo nível de dificuldade (veja o passo 3 nas instruções do exercício).**

DECLARAÇÕES DO CLIENTE NO NÍVEL INTERMEDIÁRIO PARA O EXERCÍCIO 6
Declaração do cliente no nível intermediário – 1
[Otimista] Estou muito ansiosa pela festa da minha amiga na próxima semana. **[Sem esperança, troca para o modo protetor evitativo]** Não sei por que eu acharia que vou me divertir. Não vale a pena o esforço de me arrumar e depois me decepcionar.
Declaração do cliente no nível intermediário – 2
[Neutro] Você está sugerindo que é minha culpa que a minha namorada tenha me largado porque eu não estava atendendo todas as necessidades dela? **[Zangado, troca para o modo provocador/ataque]** Que a culpa é minha? Estou começando a pensar que você não é um terapeuta muito bom, afinal.
Declaração do cliente no nível intermediário – 3
[Triste] Me senti muito deprimido esse mês, mas suicídio? Eu não falei nada sobre suicídio. **[Zangado, troca para o modo provocador/ataque]** Você deve estar me confundindo com um dos seus outros clientes. Você não consegue nos diferenciar? Preste mais atenção!
Declaração do cliente no nível intermediário – 4
[Ansioso] De repente, sinto o meu coração acelerado e me vem uma memória de estar sozinho na pracinha com o provocador da turma. **[Sem emoção, troca para o modo protetor desligado]** Uau, essa memória desapareceu. Não sei o que era, mas agora se foi.
Declaração do cliente no nível intermediário – 5
[Assustado] Você realmente acha que pode me ajudar? O que vai acontecer comigo? Vou ficar sozinho para sempre? **[Otimista, troca para o modo de busca de aprovação]** Mas eu não devia estar tendo essas dúvidas. Você é um terapeuta tão bom que eu sei que vai conseguir me ajudar. Tenho muita sorte por você ter concordado em trabalhar comigo.

> **Avalie e ajuste a dificuldade antes de passar para o próximo nível de dificuldade (veja o passo 3 nas instruções do exercício).**

DECLARAÇÕES DO CLIENTE NO NÍVEL AVANÇADO PARA O EXERCÍCIO 6

Declaração do cliente no nível avançado – 1

[Positivo] Eu estava muito ansioso por esta sessão e saí mais cedo para chegar na hora. **[Zangado, troca para o modo de autoengrandecimento]** Tive muita dificuldade para encontrar uma vaga no seu estacionamento idiota. Obviamente não há lugares suficientes para todos os seus clientes. Eu diria que, com o dinheiro que lhe pago, você deveria se certificar de que sempre haveria um lugar para mim.

Declaração do cliente no nível avançado – 2

[Triste] Sim, ainda estou triste por ter perdido o meu casamento. Ainda não entendo por que isso aconteceu. **[Zangada, troca para o modo provocador/ataque]** Mas não sei por que tenho que falar sobre como me senti quando o meu ex me deixou. Isso foi há muito tempo e não vejo o que isso tem a ver com alguma coisa agora. Você está começando a parecer um Dr. Phil de segunda classe.

Declaração do cliente no nível avançado – 3

[Positivo] As nossas sessões são muito proveitosas. Sinto-me seguro aqui. **[Ansioso, troca para o modo protetor evitativo]** Mas talvez eu esteja ficando muito dependente de você. Por que não mudamos as nossas sessões para uma vez por mês?

Declaração do cliente no nível avançado – 4

[Ansioso] Não se pode contar com ninguém, e ninguém muda realmente. Não vejo sentido em olhar para os problemas do meu passado. É apenas um fluxo interminável de mágoas e decepções. **[Sem emoção, troca para o modo hipercontrolador perfeccionista]** Na verdade, estou bem sozinho. Só preciso continuar trabalhando em não precisar de ninguém e fazer tudo sozinho. Vou ficar melhor assim.

Declaração do cliente no nível avançado – 5

[Assustada] Ontem à noite tive um pesadelo terrível em que o primo mais velho que abusou sexualmente de mim estava na porta da minha casa. O dia inteiro me senti assustada e nervosa. **[Sem emoção, toca para o modo protetor desligado]** Oh, estou sendo tão tola. Isso aconteceu há muitos anos. Não tenho razão para sentir alguma coisa sobre isso. Não é nada de especial.

Avalie e ajuste a dificuldade aqui (veja o passo 3 nas instruções do exercício). Se apropriado, siga as instruções para tornar o exercício ainda mais desafiador (veja o Apêndice A).

EXEMPLOS DE RESPOSTAS DO TERAPEUTA: RECONHECENDO AS MUDANÇAS DE MODO DOS MODOS DE ENFRENTAMENTO DESADAPTATIVO

Lembre-se: os aprendizes devem tentar improvisar suas próprias respostas antes de lerem os exemplos. **Não leia as seguintes respostas textualmente, a não ser que esteja com dificuldade para elaborar suas próprias respostas!**

EXEMPLOS DE RESPOSTAS A DECLARAÇÕES DO CLIENTE NO NÍVEL INICIANTE PARA O EXERCÍCIO 6
Exemplo de resposta à declaração do cliente no nível iniciante – 1
Notei que, quando descreve o quanto tem se sentido triste, você começa a responder e então para e começa a minimizar seu sentimento (Critério 1). Você tem consciência de que está fazendo isso? (Critério 2) Pode ser o seu modo de enfrentamento (Critério 3).
Exemplo de resposta à declaração do cliente no nível iniciante – 2
Notei que você pareceu zangado por um momento e depois mudou, ignorando os sentimentos que compartilhou (Critério 1). Você tem consciência dessa mudança? (Critério 2) Acho que um modo de enfrentamento foi desencadeado (Critério 3).
Exemplo de resposta à declaração do cliente no nível iniciante – 3
Notei que, logo depois que me contou esta experiência dolorosa da infância, você ficou com um ar vazio e um pouco confuso (Critério 1). Você tem consciência disso? (Critério 2) Pode ser que tenha sido ativado um modo de enfrentamento (Critério 3).
Exemplo de resposta à declaração do cliente no nível iniciante – 4
Reparei que, assim que começou a se sentir triste, você mudou para a raiva e começou a criticar seus colegas de trabalho (Critério 1). Você tem consciência disso? (Critério 2) Parece-me que um modo de enfrentamento foi ativado (Critério 3).
Exemplo de resposta à declaração do cliente no nível iniciante – 5
Você percebe que quando para e sente a dor da sua infância, você passa muito rapidamente a minimizá-la? (Critérios 1 e 2) Acho que um modo de enfrentamento entra em jogo para que você não sinta a dor (Critério 3).

EXEMPLOS DE RESPOSTAS A DECLARAÇÕES DO CLIENTE NO NÍVEL INTERMEDIÁRIO PARA O EXERCÍCIO 6

Exemplo de resposta à declaração do cliente no nível intermediário – 1

Você parecia entusiasmada com a festa, e então passou para a desesperança e pessimismo (Critério 1). Você notou isso? (Critério 2) Acho que você mudou para um modo de enfrentamento para se proteger da decepção (Critério 3).

Exemplo de resposta à declaração do cliente no nível intermediário – 2

Você notou que começou sendo neutra em relação ao rompimento e então passou a se sentir zangada comigo? (Critério 1) Você consegue sentir isso? (Critério 2)
Talvez isso a esteja distraindo da sua dor? Parece que um modo de enfrentamento foi desencadeado (Critério 3).

Exemplo de resposta à declaração do cliente no nível intermediário – 3

Você tem consciência do que acabou de acontecer? (Critério 2) Você estava triste e me contando sobre a sua depressão, e então passou a me acusar de estar sendo confuso e de ter uma memória fraca sobre o que você disse (Critério 1). Acho que um modo de enfrentamento foi ativado (Critério 3).

Exemplo de resposta à declaração do cliente no nível intermediário – 4

Parece que você estava consciente de que estava acontecendo uma mudança nos sentimentos (Critérios 1 e 2). Acho que você entrou em contato com uma memória que produzia ansiedade e, em seguida, um modo de enfrentamento assumiu o controle (Critério 3).

Exemplo de resposta à declaração do cliente no nível intermediário – 5

Você começou expressando seus medos quanto a ser capaz de obter ajuda para os seus problemas nos relacionamentos, e então passou a ser muito elogioso comigo (Critério 1). Você estava consciente dessa mudança? (Critério 2) Acho que pode ser um modo de enfrentamento (Critério 3).

EXEMPLOS DE RESPOSTAS A DECLARAÇÕES DO CLIENTE NO NÍVEL AVANÇADO PARA O EXERCÍCIO 6

Exemplo de resposta à declaração do cliente no nível avançado – 1

Você estava dizendo que estava ansioso pela nossa sessão, e então passou a ficar muito zangado comigo e dizer o quanto você é importante e que tem direito a um tratamento especial (Critério 1). Você tem consciência do que aconteceu? (Critério 2) Você acha que esse pode ser um modo de enfrentamento? (Critério 3)

Exemplo de resposta à declaração do cliente no nível avançado – 2

Notei que, algumas vezes, quando faço uma pergunta que o faz lembrar dos seus sentimentos de dor e mágoa, você passa a dirigir a sua raiva para mim (Critério 1). Você tem consciência disso? (Critério 2) Parece que é ativado um modo de enfrentamento (Critério 3).

Exemplo de resposta à declaração do cliente no nível avançado – 3

Parece que quando você começa a valorizar uma relação e começa a se sentir seguro, seus medos de depender de alguém são ativados e você se sente assustado (Critério 1). Você notou essa mudança? (Critério 2) Acho que foi ativado um modo de enfrentamento (Critério 3).

Exemplo de resposta à declaração do cliente no nível avançado – 4

Você começou expressando alguns dos seus medos com base em experiências passadas, mas à medida que foi ficando perturbado, pareceu mudar para um plano de ação (Critério 1). Você tem consciência de que isso está acontecendo? (Critério 2) Parece-me que um modo de enfrentamento está sendo ativado (Critério 3).

Exemplo de resposta à declaração do cliente no nível avançado – 5

Esse pesadelo parece muito assustador. Você percebe, no entanto, que rapidamente começou a minimizar esses sentimentos? (Critérios 1 e 2) Acho que foi ativado um modo de enfrentamento (Critério 3).

Exercício 7

Identificando a presença do modo crítico internalizado exigente/punitivo

PREPARAÇÃO PARA O EXERCÍCIO 7

1. Leia as instruções no Capítulo 2.
2. Faça *download* do Formulário de reação à prática deliberada e do Formulário diário da prática deliberada disponíveis no material complementar do livro em loja.grupoa.com.br (também disponíveis nos Apêndices A e B, respectivamente).

DESCRIÇÃO DA HABILIDADE

Nível de dificuldade da habilidade: intermediário

O objetivo dessa habilidade é identificar as situações em que um cliente faz um comentário de autoavaliação que reflete seu modo crítico internalizado. A ativação do modo crítico torna-se visível pelo autocriticismo excessivo do cliente e pela autovergonha exigente ou punitiva. Os clientes geralmente desenvolvem um crítico interno disfuncional devido aos julgamentos e mensagens negativas que receberam dos seus cuidadores na infância. Por exemplo, quando as crianças expressam um sentimento ou necessidade e lhes é dito duramente "pare de choramingar" ou "você nunca vai ser nada na vida", isso pode levá-las à experiência de serem "más" ou "erradas". O crítico pode ser principalmente exigente ou punitivo, ou uma combinação de ambos.

O primeiro passo para trabalhar com o modo crítico é o terapeuta apontar a atuação do crítico internalizado à medida que ocorre. O passo seguinte é começar a indagar sobre as origens do modo crítico, para que eventualmente ele possa ser visto como uma crença emocional que foi internalizada na infância.

CRITÉRIOS DA HABILIDADE PARA O EXERCÍCIO 7
1. Apontar que o modo crítico pode estar ativado.
2. Apontar o autocriticismo excessivamente exigente ou punitivo do cliente.
3. Investigar quanto às possíveis origens do modo crítico na infância e na adolescência.

EXEMPLOS DE IDENTIFICAÇÃO DA PRESENÇA DO MODO CRÍTICO INTERNALIZADO EXIGENTE/PUNITIVO

Exemplo 1

CLIENTE: [*Sem esperança*] Não sei por que eu esperava que o encontro corresse bem. Eu devia simplesmente aceitar que sou um fracasso que ninguém quer ter por perto. Até a minha mãe não gostava muito de mim e dizia que eu era uma decepção.

TERAPEUTA: Esse parece ser o seu crítico punitivo falando agora (Critério 1). É um julgamento muito injusto sobre você (Critério 2). É a voz da sua mãe que você está ouvindo agora, dizendo que você é uma decepção? (Critério 3)

Exemplo 2

CLIENTE: [*Autocrítica*] Tenho me sentido sozinha e triste desde o divórcio, mas sei que estou dando muita importância para isso e agindo como uma chorona. Eu devia ser capaz de encerrar o capítulo e seguir com a minha vida.

TERAPEUTA: Essa última afirmação é muito dura e pouco razoável (Critério 2). Parece que esse é o seu modo crítico (Critério 1). Quem, na sua infância, se referia a você como uma chorona quando se sentia triste? (Critério 3)

Exemplo 3

CLIENTE: [*Ansioso*] Tenho tanto medo de também afastar você, assim como todos os outros na minha vida. Você deve estar farto de mim. Sei que fiz algum progresso, mas não me esforço o suficiente. Tudo o que faço é me queixar sobre a minha vida. Não faço nada a respeito. Estou farto de mim mesmo.

TERAPEUTA: Acho que o seu modo crítico pode ter sido ativado (Critério 1). Você começou me falando do seu medo e se dando conta de que fez progresso, e então acabou sendo excessivamente crítico consigo mesmo (Critério 2). Que experiências na sua vida o levaram a uma opinião tão negativa de si mesmo? (Critério 3)

INSTRUÇÕES PARA O EXERCÍCIO 7
Passo 1: *role-play* e *feedback*
• O cliente faz a primeira declaração do cliente no nível de dificuldade iniciante. O terapeuta improvisa uma resposta com base nos critérios da habilidade. • O instrutor (ou, se não estiver disponível, o cliente) fornece um breve *feedback* com base nos critérios da habilidade. • O cliente, então, repete a mesma declaração, e o terapeuta mais uma vez improvisa uma resposta. O instrutor (ou o cliente) mais uma vez fornece um breve *feedback*.
Passo 2: repetir
• Repita o passo 1 para todas as declarações no nível de dificuldade atual (iniciante, intermediário ou avançado).
Passo 3: avaliar e ajustar a dificuldade
• O terapeuta preenche o Formulário de reação à prática deliberada (veja o Apêndice A) e decide se deve tornar o exercício mais fácil ou mais difícil ou se deve repetir o mesmo nível de dificuldade.
Passo 4: repetir por aproximadamente 15 minutos
• Repita os passos 1 a 3 por pelo menos 15 minutos. • Os aprendizes trocam os papéis de terapeuta e cliente e começam de novo.

> **Agora é a sua vez! Siga os passos 1 e 2 das instruções.**

Lembre-se: o objetivo do *role-play* é que os aprendizes pratiquem a improvisação de respostas às declarações de cliente de uma forma que (a) utilize os critérios da habilidade e (b) pareça autêntica para o aprendiz. **Exemplos de respostas do terapeuta para cada declaração do cliente são fornecidos no final desse exercício. Os aprendizes devem tentar improvisar as próprias respostas antes de lerem os exemplos.**

DECLARAÇÕES DO CLIENTE NO NÍVEL INICIANTE PARA O EXERCÍCIO 7

Declaração do cliente no nível iniciante – 1

[Triste] Você é muito simpático e cuidadoso comigo, mas isso é porque é um terapeuta. Isso é o que se espera que você faça. Não consigo imaginar como alguém no mundo real iria querer me aturar se realmente me conhecesse. Sou um fracassado patético.

Declaração do cliente no nível iniciante – 2

[Temeroso] Não sei como vou conseguir fazer essa apresentação diante do comitê. Eu me preparei durante meses, mas sei que não é suficiente. Nunca serei tão divertido como os meus colegas. Vou fazer papel de bobo.

Declaração do cliente no nível iniciante – 3

[Triste] Eu estava tão esperançosa que ele me convidasse para jantar com ele. Achei que estávamos tendo uma boa conexão. Como sou idiota! O que eu estava pensando? Sou tão feia e chata. Por que um homem bonito, charmoso e inteligente como ele iria querer sair com alguém como eu?

Declaração do cliente no nível iniciante – 4

[Ansioso] Peço desculpas. Sei que você está fazendo o melhor possível para me ajudar. Deve ser muito frustrante ter que lidar com alguém como eu. Eu não dou continuidade a nada. Tudo o que faço é me queixar. Estou destinado a ficar preso a uma vida infeliz e a culpa é toda minha. Já não me suporto mais!

Declaração do cliente no nível iniciante – 5

[Autocrítico] Estou com medo de lhe contar que voltei a beber esse fim de semana. Sei que você vai ficar zangado comigo. Eu mereço ser punido. Sou muito fraco e incapaz de manter qualquer compromisso. O meu pai estava certo, nunca vou ser nada na vida.

✋ **Avalie e ajuste a dificuldade antes de passar para o próximo nível de dificuldade (veja o passo 3 nas instruções do exercício).**

DECLARAÇÕES DO CLIENTE NO NÍVEL INTERMEDIÁRIO PARA O EXERCÍCIO 7

Declaração do cliente no nível intermediário – 1

[Indignado] Não acredito que me deram uma promoção no trabalho. Eu sou uma fraude. Aposto que eles vão descobrir que sou incompetente e provavelmente vão me tirar a promoção. Vai ser muito constrangedor.

Declaração do cliente no nível intermediário – 2

[Triste/inconsolável] É claro que ele me traiu. Olhe para mim... Eu não me cuido, não lhe dou o devido valor, estou sempre me queixando, não o satisfaço sexualmente. Ele está completamente desinteressado por mim, e a culpa é toda minha.

Declaração do cliente no nível intermediário – 3

[Quieto/ansioso] Não preenchi o inventário que você me pediu para fazer. Sei que eu sou difícil e distraído; não me lembro das coisas e acabo inventando desculpas. Provavelmente você vai se arrepender de ter aceitado trabalhar comigo.

Declaração do cliente no nível intermediário – 4

[Zangada/indignada] Estou muito zangada agora e não tenho o direito de me sentir assim. Sou eu quem destrói as minhas amizades. Eu afasto as pessoas. Sou muito sensível, exigente e carente. Choro com muita facilidade e espero que todos tenham pena de mim; que patética! Minha mãe estava certa. Sou uma mercadoria avariada.

Declaração do cliente no nível intermediário – 5

[Sem esperança/indignado] Por que nunca consigo fazer as coisas direito? Perdi outra venda esta semana, e o meu patrão ficou claramente desapontado. Não posso culpá-lo. Não estou me esforçando o suficiente. Sei que o meu colaborador teria feito um trabalho muito melhor para garantir essa venda. Não sou suficientemente inteligente.

✋ **Avalie e ajuste a dificuldade antes de passar para o próximo nível de dificuldade (veja o passo 3 nas instruções do exercício).**

DECLARAÇÕES DO CLIENTE NO NÍVEL AVANÇADO PARA O EXERCÍCIO 7
Declaração do cliente no nível avançado – 1
[Zangado] Provavelmente você não acredita em mim, mas eu realmente estava ansioso por esta sessão. Se eu fosse suficientemente inteligente, teria saído de casa um pouco mais cedo para evitar o trânsito. Mas sou um idiota e não prestei atenção às horas, mais uma vez, e agora estou atrasado. Gritei comigo mesmo durante todo o caminho até aqui. Estou cansado de ser eu.
Declaração do cliente no nível avançado – 2
[Triste] Eu não mereço ser feliz. É por minha culpa que a minha mãe está sozinha o tempo todo. Sou muito egoísta. Eu devia estar morando com ela e lhe fazendo companhia. Se lhe acontecer alguma coisa, ela diz que vou viver para me arrepender dos meus atos. Ela provavelmente está certa sobre isso, também.
Declaração do cliente no nível avançado – 3
[Zangado] Não sou suficientemente bom. Fui reprovado de novo em uma parte do meu exame de licenciamento e vou ter que repeti-lo. Simplesmente não tenho o que é preciso para ser médico. Meu pai me disse que eu não devia tentar um trabalho tão difícil, que isso está além da minha capacidade.
Declaração do cliente no nível avançado – 4
[Lamentando] Passei tantos anos em terapia. O que há de errado comigo? Como pude demorar tanto tempo para perceber que estava vivendo numa relação destrutiva? Por que não vi isso antes? Talvez eu gostasse de ser maltratada. Talvez eu seja apenas uma rainha do drama procurando atenção. Minha mãe estava certa. Que perda de tempo. Nunca me vou perdoar.
Declaração do cliente no nível avançado – 5
[Assustado] Cheguei até o estacionamento e fiquei paralisado. Não consegui entrar no restaurante. Quando é que vou crescer e superar esta fobia ridícula? Eu ajo como uma criança fraca e patética que tem medo de fantasmas. Sou uma vergonha.

Avalie e ajuste a dificuldade aqui (veja o passo 3 nas instruções do exercício). Se apropriado, siga as instruções para tornar o exercício ainda mais desafiador (veja o Apêndice A).

EXEMPLOS DE RESPOSTAS DO TERAPEUTA: IDENTIFICANDO A PRESENÇA DO MODO CRÍTICO INTERNALIZADO EXIGENTE/PUNITIVO

Lembre-se: os aprendizes devem tentar improvisar suas próprias respostas antes de lerem os exemplos. **Não leia as seguintes respostas textualmente, a não ser que esteja com dificuldade para elaborar suas próprias respostas!**

EXEMPLOS DE RESPOSTAS A DECLARAÇÕES DO CLIENTE NO NÍVEL INICIANTE PARA O EXERCÍCIO 7
Exemplo de resposta à declaração do cliente no nível iniciante – 1
Esse parece ser o seu modo crítico, (Critério 1) a parte de você que se torna injustamente dura e o faz sentir vergonha (Critério 2). Que experiências iniciais você acha que levaram a uma visão tão negativa de si mesmo? (Critério 3)
Exemplo de resposta à declaração do cliente no nível iniciante – 2
Estou detectando a voz do seu modo crítico interno (Critério 1). Nada jamais é suficientemente bom para esse crítico (Critério 1). Onde você aprendeu um padrão tão implacável? (Critério 3)
Exemplo de resposta à declaração do cliente no nível iniciante – 3
Parece que você está falando a partir do seu modo crítico, agora, (Critério 1) e a mensagem é dura e terrivelmente injusta (Critério 2). De onde essa voz pode vir? (Critério 3)
Exemplo de resposta à declaração do cliente no nível iniciante – 4
Esse parece ser o seu modo crítico falando nesse momento, (Critério 1) aquele que imediatamente o coloca para baixo e é punitivo quando você não é perfeito (Critério 2). Fico me perguntando que experiências anteriores na sua vida levaram ao desenvolvimento desse modo crítico (Critério 3).
Exemplo de resposta à declaração do cliente no nível iniciante – 5
Estou ouvindo o modo crítico sendo ativado nesse momento (Critério 1). Será que isso é o que você aprendeu com o seu pai e agora vive dentro de você? (Critério 3) No entanto, esse crítico interno é realmente irracional e punitivo (Critério 2).

EXEMPLOS DE RESPOSTAS A DECLARAÇÕES DO CLIENTE NO NÍVEL INTERMEDIÁRIO PARA O EXERCÍCIO 7
Exemplo de resposta à declaração do cliente no nível intermediário – 1
Essas afirmações negativas são incrivelmente duras e críticas (Critério 2). Para mim, elas parecem o modo crítico (Critério 1). Quem, no início da sua vida, lhe transmitiu a mensagem de que você era preguiçoso e estúpido, e que nunca iria trabalhar com afinco suficiente? (Critério 3)
Exemplo de resposta à declaração do cliente no nível intermediário – 2
Essa é uma avaliação completamente injusta de si mesmo (Critério 2). Ela vem do seu crítico interno (Critério 1) e não é acurada. Onde você aprendeu a se culpar por tudo o que dá errado? (Critério 3)
Exemplo de resposta à declaração do cliente no nível intermediário – 3
Estou ouvindo o seu modo crítico (Critério 1). Sua avaliação de si mesmo é feita em termos absolutos, que são excessivamente exigentes (Critério 2). De quem será essa voz? (Critério 3)
Exemplo de resposta à declaração do cliente no nível intermediário – 4
Estamos ouvindo o seu modo crítico nesse momento (Critério 1). Chamar a si mesma de "mercadoria avariada" é muito punitivo (Critério 2). De quem é a voz que você está ouvindo nesse momento? (Critério 3)
Exemplo de resposta à declaração do cliente no nível intermediário – 5
Espere um pouco – o seu crítico (Critério 1) está exagerando a situação e vendo apenas o aspecto negativo, como de costume (Critério 2). Onde você aprendeu a ser tão exigente e crítico consigo mesmo? (Critério 3)

EXEMPLOS DE RESPOSTAS A DECLARAÇÕES DO CLIENTE NO NÍVEL AVANÇADO PARA O EXERCÍCIO 7
Exemplo de resposta à declaração do cliente no nível avançado – 1
É muito extremo chamar a si mesmo de "estúpido" por não saber que o trânsito estaria muito intenso (Critério 2). Essa afirmação é um bom exemplo do seu modo crítico em ação (Critério 1). Quem no início da sua vida foi tão exigente e o fez sentir vergonha? (Critério 3)
Exemplo de resposta à declaração do cliente no nível avançado – 2
Uau, essas mensagens não deixam espaço para que você seja feliz – como se a sua vida fosse apenas cuidar da sua mãe (Critério 2). Essa visão parece ser o seu modo crítico (Critério 1). É a voz da sua mãe que você está ouvindo? (Critério 3)
Exemplo de resposta à declaração do cliente no nível avançado – 3
Tenho que parar o seu modo crítico aqui mesmo (Critério 1). Você reprovou em apenas uma parte do exame, mas é só nisso que o seu crítico foca. Isso não significa que você não possa ser médico (Critério 2). A avaliação do seu pai foi injusta e excessivamente negativa, e agora o seu crítico está lhe fazendo eco (Critério 3).
Exemplo de resposta à declaração do cliente no nível avançado – 4
Uau! Estou ouvindo o seu crítico alto e claro nessas mensagens! (Critério 1) As declarações do seu crítico são muito duras e injustas com você (Critério 2). Parece que você está ouvindo a voz da sua mãe lhe chamando de "rainha do drama" (Critério 3).
Exemplo de resposta à declaração do cliente no nível avançado – 5
Estamos ouvindo o seu modo crítico agora, (Critério 1) e ele não é útil ou acurado (Critério 2). Onde você aprendeu a julgar seus sentimentos tão duramente? (Critério 3)

Exercício 8

Identificando a presença dos modos criança zangada e criança vulnerável

PREPARAÇÃO PARA O EXERCÍCIO 8

1. Leia as instruções no Capítulo 2.
2. Faça *download* do Formulário de reação à prática deliberada e do Formulário diário da prática deliberada disponíveis no material complementar do livro em loja.grupoa.com.br (também disponíveis nos Apêndices A e B, respectivamente).

DESCRIÇÃO DA HABILIDADE

Nível de dificuldade da habilidade: intermediário

Uma habilidade essencial para os terapeutas do esquema é a identificação dos modos criança zangada e criança vulnerável. Esses são momentos em que um cliente parece experimentar um estado emocional que é intenso demais para o momento atual da vida adulta ou que tem uma qualidade infantil e desamparada que se relaciona com uma necessidade central da infância não atendida ou apenas parcialmente atendida. Esses modos são desenvolvidos na infância como resultado de uma prestação de cuidados que foi indiferente ou ausente.

Os modos criança zangada e criança vulnerável podem ser identificados na terapia por meio de mudanças na intensidade emocional, postura corporal, tom de voz e linguagem do cliente. No modo criança zangada, o cliente apresenta uma raiva que parece infantil, chegando a aproximar-se de uma birra, com afirmações como "isso não é justo" e "você não me ouve". No modo criança vulnerável, o cliente apresenta desamparo, muitas vezes experimentando medo intenso, tristeza ou solidão.

Esse exercício foca no primeiro passo para trabalhar com os modos criança, que é apontar a sua presença, com o objetivo de ajudar o cliente a entender que essas reações ocorrem devido a experiências na infância com os cuidadores. Durante esse exercício, o terapeuta deve se esforçar para empregar um tom gentil, caloroso e especulativo, certificando-se de não presumir que o cliente já está ciente do seu estado emocional e do modo criança ativado. O terapeuta também pode, ocasionalmente, concentrar-se mais em dar ênfase à intervenção.

> **CRITÉRIOS DA HABILIDADE PARA O EXERCÍCIO 8**
> 1. Apontar gentilmente a intensidade emocional do cliente.
> 2. Investigar a capacidade do cliente de reconhecer esse estado emocional.
> 3. Levantar a possibilidade de que esse estado emocional representa a ativação de um modo criança zangada ou criança vulnerável.

EXEMPLOS DE IDENTIFICAÇÃO DA PRESENÇA DOS MODOS CRIANÇA ZANGADA E CRIANÇA VULNERÁVEL

Exemplo 1

CLIENTE: [*Chateado*] É tão difícil acreditar que a minha melhor amiga de 30 anos vai mesmo se mudar para tão longe no mês que vem. Não consigo imaginar como vou prosseguir com a minha vida sem seu apoio constante. É como quando o meu pai nos deixou há tantos anos.

TERAPEUTA: Noto que você está ficando chateada enquanto me descreve isso (Critério 1). Você também tem consciência dessa mudança em você? (Critério 2) Esse não será o seu modo criança vulnerável sendo desencadeado devido à ativação de um esquema nessa situação? (Critério 3)

Exemplo 2

CLIENTE: [*Zangado*] Sei que você diz que se preocupa comigo, mas como posso acreditar nisso? Quero dizer, por que eu acreditaria que alguém pode realmente se importar comigo quando a minha própria mãe nunca prestou atenção em mim? Você é apenas o meu terapeuta.

TERAPEUTA: Você parece estar ficando um pouco zangada e chateada (Critério 1). Você consegue notar a mudança para a parte zangada de você nesse momento? (Critério 2) Acho que o modo criança zangada pode estar sendo ativado ao lembrar do pouco amor que você teve quando criança (Critério 3).

Exemplo 3

CLIENTE: [*Sem esperança*] Eu estava me lembrando de como os meus colegas de trabalho estavam rindo ontem do lado de fora da minha sala, mais uma vez. Suspeito que eles estavam fazendo piadas sobre mim. Sempre sou alvo de piadas e criticismo. Essa é a história da minha vida. Nunca acaba.

TERAPEUTA: Estou vendo que, quando se recorda desse acontecimento, você parece mudar para um estado triste e sem esperança (Critério 1). Será que você consegue sentir essa parte de você sendo ativada nesse momento? (Critério 2) Quem sabe o "pequeno você", seu modo criança vulnerável, está sendo ativado nessa situação? (Critério 3)

INSTRUÇÕES PARA O EXERCÍCIO 8
Passo 1: *role-play* e *feedback*
• O cliente faz a primeira declaração do cliente no nível de dificuldade iniciante. O terapeuta improvisa uma resposta com base nos critérios da habilidade. • O instrutor (ou, se não estiver disponível, o cliente) fornece um breve *feedback* com base nos critérios da habilidade. • O cliente, então, repete a mesma declaração, e o terapeuta mais uma vez improvisa uma resposta. O instrutor (ou o cliente) mais uma vez fornece um breve *feedback*.
Passo 2: repetir
• Repita o passo 1 para todas as declarações no nível de dificuldade atual (iniciante, intermediário ou avançado).
Passo 3: avaliar e ajustar a dificuldade
• O terapeuta preenche o Formulário de reação à prática deliberada (veja o Apêndice A) e decide se deve tornar o exercício mais fácil ou mais difícil ou se deve repetir o mesmo nível de dificuldade.
Passo 4: repetir por aproximadamente 15 minutos
• Repita os passos 1 a 3 por pelo menos 15 minutos. • Os aprendizes trocam os papéis de terapeuta e cliente e começam de novo.

> **Agora é a sua vez! Siga os passos 1 e 2 das instruções.**

Lembre-se: o objetivo do *role-play* é que os aprendizes pratiquem a improvisação de respostas às declarações de cliente de uma forma que (a) utilize os critérios da habilidade e (b) pareça autêntica para o aprendiz. **Exemplos de respostas do terapeuta para cada declaração do cliente são fornecidos no final desse exercício. Os aprendizes devem tentar improvisar as próprias respostas antes de lerem os exemplos.**

DECLARAÇÕES DO CLIENTE NO NÍVEL INICIANTE PARA O EXERCÍCIO 8
Declaração do cliente no nível iniciante – 1
[Desesperada] Esperei o fim de semana inteiro que ele me ligasse. A rejeição dele é insuportável. Nunca vou encontrar alguém que me ame. Vou ficar sozinha para sempre.
Declaração do cliente no nível iniciante – 2
[Devastada] Meu marido fala com o primo todos os dias e mal me dá bom dia. Eu não tenho importância para ele. Não tenho importância para ninguém.
Declaração do cliente no nível iniciante – 3
[Ansioso] Parece que você está ficando cansado de mim, assim como todos os outros. Não posso lhe culpar, sempre acabo afastando todos de mim. Só não vou suportar perder você também.
Declaração do cliente no nível iniciante – 4
[Triste] É tão difícil acreditar que a minha melhor amiga de 30 anos vai mesmo se mudar para tão longe no mês que vem. Não consigo imaginar como vou prosseguir com a minha vida sem seu apoio constante. É como quando o meu pai nos deixou há tantos anos.
Declaração do cliente no nível iniciante – 5
[Sem esperança] Eu estava me lembrando de como os meus colegas de trabalho estavam rindo ontem do lado de fora da minha sala, mais uma vez. Suspeito que eles estavam fazendo piadas sobre mim. Sempre sou alvo de piadas e criticismo. Essa é a história da minha vida. Nunca acaba.

> ✋ **Avalie e ajuste a dificuldade antes de passar para o próximo nível de dificuldade (veja o passo 3 nas instruções do exercício).**

DECLARAÇÕES DO CLIENTE NO NÍVEL INTERMEDIÁRIO PARA O EXERCÍCIO 8
Declaração do cliente no nível intermediário – 1
[Zangado] Não existe essa coisa de um "lugar seguro". Nunca tive qualquer proteção quando era criança. Era criminosa a forma como me tratavam. É espantoso que eu tenha sobrevivido. Foi tão injusto! Os meus pais deviam estar na cadeia.
Declaração do cliente no nível intermediário – 2
[Sem esperança] Mais uma vez, meu colega de trabalho cancelou o nosso almoço. Gostaria que você aceitasse que não há esperança de eu fazer amigos ou ter uma ligação íntima com alguém. Isso nunca vai acontecer. A minha própria mãe não brincava comigo, nem sequer falava comigo, muito menos demonstrava amor ou afeto.
Declaração do cliente no nível intermediário – 3
[Zangado] Então, você vai mesmo tirar férias justamente quando eu estou nesse estado de caos?! Você é igual a todos os outros! Simplesmente admita que, na verdade, você precisa se afastar de mim. Não posso contar com ninguém; nunca pude e nunca poderei.
Declaração do cliente no nível intermediário – 4
[Sobrecarregado] Não consigo fazer isso! Não posso ir a esse evento de negócios. Sei que vou ficar parado num canto, sozinho. Ninguém vai falar comigo, eles vão passar direto por mim e provavelmente vão falar de mim uns com os outros. Vai ser como no ensino fundamental outra vez.
Declaração do cliente no nível intermediário – 5
[Devastada] Nunca vou ser feliz. O divórcio me arruinou para sempre. Sou uma pessoa esquecível, é a história da minha vida. Certamente, meu pai se sentiu assim quando deixou a minha mãe e a mim quando eu era pequena. A história é exatamente a mesma.

> ✋ **Avalie e ajuste a dificuldade antes de passar para o próximo nível de dificuldade (veja o passo 3 nas instruções do exercício).**

DECLARAÇÕES DO CLIENTE NO NÍVEL AVANÇADO PARA O EXERCÍCIO 8

Declaração do cliente no nível avançado – 1

[**Assustada**] Ontem à noite tive um pesadelo terrível em que o primo mais velho que abusou sexualmente de mim estava na porta da minha casa. Eu estava em pânico. Não acredito que isso ainda me assombra. Não aguento mais.

Declaração do cliente no nível avançado – 2

[**Zangado**] Ela está sempre fazendo promessas que não cumpre! Eu sei que ela acabou de ter um bebê e está em meio a uma mudança, mas quando lhe envio uma mensagem e ela não responde por quase uma hora, é ultrajante! Ela sempre foi a filha de ouro – aquela que os meus pais preferiam. Ela sempre sai impune de tudo. Estou farta disso; não é justo! Não falo mais com ela e não vou ajudá-la com seu novo bebê.

Declaração do cliente no nível avançado – 3

[**Desanimada**] Como eu vou conseguir tomar decisões desafiadoras para a minha vida? Todas as decisões, grandes ou pequenas, sempre foram tomadas pela minha mãe. Agora, ela está sempre bêbada, ou doente na cama, e não sei o que fazer. Não sei tomar conta de mim e nunca vou descobrir como fazer isso. É muito difícil.

Declaração do cliente no nível avançado – 4

[**Zangado**] Estou farto de ser o alvo das piadas e das críticas da minha família. Sempre fui o bode expiatório. Eles fizeram isso de novo na semana passada, no casamento do meu primo, quando alguém fez o brinde e compartilhou uma história que sabia que ia me envergonhar! Ninguém pensa nos meus sentimentos, ninguém se importa. Odeio todos eles.

Declaração do cliente no nível avançado – 5

[**Triste e zangado**] Não acredito que você esqueceu o nome do meu vizinho que me abusou! Como você pode esquecer?! Não sou importante para você? Você é como todos os outros que fingem ouvir, mas na verdade me ignoram. Você diz que se preocupa, mas é um mentiroso. Todos mentem para mim.

✋ **Avalie e ajuste a dificuldade aqui (veja o passo 3 nas instruções do exercício). Se apropriado, siga as instruções para tornar o exercício ainda mais desafiador (veja o Apêndice A).**

EXEMPLOS DE RESPOSTAS DO TERAPEUTA: IDENTIFICANDO A PRESENÇA DOS MODOS CRIANÇA ZANGADA E CRIANÇA VULNERÁVEL

Lembre-se: os aprendizes devem tentar improvisar suas próprias respostas antes de lerem os exemplos. **Não leia as seguintes respostas textualmente, a não ser que esteja com dificuldade para elaborar suas próprias respostas!**

EXEMPLOS DE RESPOSTAS A DECLARAÇÕES DO CLIENTE NO NÍVEL INICIANTE PARA O EXERCÍCIO 8
Exemplo de resposta à declaração do cliente no nível iniciante – 1
Noto que você está ficando extremamente triste enquanto me diz isso (Critério 1). Você está consciente da mudança em si mesmo nesse momento? (Critério 2) Talvez esse seja o seu modo criança vulnerável sendo desencadeado à medida que você sente a ativação de um esquema ligado ao medo da solidão (Critério 3).
Exemplo de resposta à declaração do cliente no nível iniciante – 2
Noto que você parece ter mudado para uma tristeza muito profunda e intensa (Critério 1). Você tem consciência dessa mudança em si mesmo? (Critério 2) Quem sabe esse seja o seu modo criança vulnerável aparecendo, à medida que um esquema é ativado, espelhando como você se sente desde que era pequeno? (Critério 3)
Exemplo de resposta à declaração do cliente no nível iniciante – 3
Parece que você está experienciando alguns sentimentos intensos em relação à nossa conexão e aos meus cuidados com você (Critério 1). Você está consciente da mudança que está acontecendo em você nesse momento? (Critério 2) Talvez esse seja o seu modo criança vulnerável sendo ativado por um esquema, perder as pessoas de quem mais precisava quando era pequeno (Critério 3).
Exemplo de resposta à declaração do cliente no nível iniciante – 4
Noto que você está ficando triste e até desesperado enquanto me descreve isso (Critério 1). Você também tem consciência dessa mudança em si mesmo? (Critério 2) É possível que esse seja o seu modo criança vulnerável sendo desencadeado devido à ativação de um esquema nessa situação? (Critério 3)
Exemplo de resposta à declaração do cliente no nível iniciante – 5
Vejo que quando se recorda desse acontecimento, você parece mudar para um estado triste e sem esperança (Critério 1). Será que você consegue sentir essa parte de você sendo ativada nesse momento? (Critério 2) Talvez o "pequeno você", o seu modo criança vulnerável, esteja sendo desencadeado nessa situação? (Critério 3)

EXEMPLOS DE RESPOSTAS A DECLARAÇÕES DO CLIENTE NO NÍVEL INTERMEDIÁRIO PARA O EXERCÍCIO 8

Exemplo de resposta à declaração do cliente no nível intermediário – 1

Noto uma mudança para um estado de raiva intensa enquanto você fala sobre isso (Critério 1). Você está consciente dessa mudança em si mesmo? (Critério 2) O "pequeno você", o modo criança zangada, foi ativado? Aquela voz dentro de você que enfurece quando é ativada, recordando as injustiças que você sentiu quando era indefeso e impotente (Critério 3).

Exemplo de resposta à declaração do cliente no nível intermediário – 2

Estou sentindo um estado de desesperança em você enquanto fala desse acontecimento (Critério 1). Você consegue sentir isso em você nesse momento? (Critério 2) Talvez o seu modo criança vulnerável esteja ativado enquanto você sente a força do esquema levando-o de volta ao jeito negligente da sua mãe (Critério 3).

Exemplo de resposta à declaração do cliente no nível intermediário – 3

Você está passando para um estado emocional muito forte nesse momento (Critério 1). Você consegue sentir isso? (Critério 2) A sua criança zangada está se sentindo culpada e esquecida outra vez, e essa situação parece ser outra injustiça, como quando você era criança (Critério 3).

Exemplo de resposta à declaração do cliente no nível intermediário – 4

Estou sentindo uma mudança no seu estado emocional (Critério 1). Você também consegue sentir? (Critério 2). Talvez esse seja o seu modo criança vulnerável assustada, quando um esquema é ativado, esperando ser tratado da mesma forma que naquela época (Critério 3).

Exemplo de resposta à declaração do cliente no nível intermediário – 5

Parece que ocorre uma mudança intensa no seu estado emocional quando você olha para as consequências do seu divórcio (Critério 1). Sinto que você está consciente dessa mudança, (Critério 2) quando faz a conexão com suas experiências com seu pai e a ausência dele na sua vida. Parece que o seu modo criança vulnerável está sendo ativado (Critério 3).

EXEMPLOS DE RESPOSTAS A DECLARAÇÕES DO CLIENTE NO NÍVEL AVANÇADO PARA O EXERCÍCIO 8

Exemplo de resposta à declaração do cliente no nível avançado – 1

Vejo que, quando recorda esse acontecimento terrível na sua vida, você parece passar para um estado emocional intenso (Critério 1). Será que você também está notando isso? (Critério 2) O seu modo criança vulnerável está sendo ativado? E quando isso acontece, a ameaça torna-se esmagadoramente real e o perigo parece muito presente (Critério 3).

Exemplo de resposta à declaração do cliente no nível avançado – 2

Vejo como você está aborrecida porque sua irmã está lhe decepcionando. Você parece estar passando para um estado de raiva intensa (Critério 1). Você consegue perceber a escalada acontecendo dentro de você? (Critério 2) Esse é o seu modo criança zangada sendo desencadeado à medida que os esquemas são ativados, fazendo-a lembrar de que sempre esteve à sombra enquanto a sua irmã gozava de tratamento preferencial. Isso traz uma forte memória de injustiça (Critério 3).

Exemplo de resposta à declaração do cliente no nível avançado – 3

Percebo uma mudança no seu tom de voz e nas suas palavras para um tom de desesperança e talvez de desespero (Critério 1). Você nota a mudança nesse momento? (Critério 2) Esse é provavelmente o seu modo criança vulnerável sendo desencadeado quando os seus esquemas estão sendo ativados durante um momento importante de tomada de decisão na sua vida (Critério 3).

Exemplo de resposta à declaração do cliente no nível avançado – 4

Noto uma mudança à medida que você conta a história, passando a sentir-se intensamente zangada e talvez magoada (Critério 1). Você também percebe essa mudança? (Critério 2) Parece ser um modo criança zangada, aquela pequena parte de você que apareceu para nos lembrar que você está cansada de se sentir usada e humilhada (Critério 3).

Exemplo de resposta à declaração do cliente no nível avançado – 5

Vejo uma mudança intensa no seu estado emocional, para um estado de raiva, mágoa e muito perturbado (Critério 1). Você consegue sentir essa parte sua, também? (Critério 2) Vejo isso como os modos criança vulnerável e zangada, as pequenas partes de você que estão incrivelmente tristes, magoadas e zangadas quando se sentem exatamente como quando você era criança e era tratada como se não tivesse importância. Essa parte está realmente furiosa e cansada de ser tratada dessa forma (Critério 3).

Exercício 9

Reparentalização limitada para os modos criança zangada e criança vulnerável

PREPARAÇÃO PARA O EXERCÍCIO 9

1. Leia as instruções no Capítulo 2.
2. Faça *download* do Formulário de reação à prática deliberada e do Formulário diário da prática deliberada disponíveis no material complementar do livro em loja.grupoa.com.br (também disponíveis nos Apêndices A e B, respectivamente).

DESCRIÇÃO DA HABILIDADE
Nível de dificuldade da habilidade: avançado

A visão da TE é que os clientes, muitas vezes, são compreensivelmente "carentes" devido à experiência de necessidades básicas da infância que não foram atendidas. A reparentalização limitada inclui um terapeuta no papel de um "bom pai", oferecendo empatia na expressão facial, postura corporal, consciência vocal e uso das palavras, tudo isso concebido para transmitir mensagens apoiadoras e curativas de aceitação, conexão, tolerância à frustração, orientação, segurança e autonomia. É uma das principais intervenções da TE empregada para proporcionar ao cliente uma experiência emocional corretiva de ter a necessidade não atendida que está presente no modo criança atendida dentro dos limites da relação terapêutica. As principais necessidades infantis que são abordadas na TE por meio da reparentalização limitada são as seguintes:

- apego seguro aos outros, incluindo segurança, estabilidade, proteção e aceitação;
- autonomia, competência e sentimento de identidade;
- liberdade para expressar necessidades e emoções válidas;

- espontaneidade e ludicidade;
- limites realistas e autocontrole.

A reparentalização limitada na TE envolve o estilo geral do terapeuta, bem como suas ações. Para esse exercício, o terapeuta improvisa uma resposta para cada declaração do cliente seguindo esses critérios da habilidade:

1. Validar os sentimentos do cliente e normalizar suas necessidades não atendidas na infância e na adolescência. Em geral, os clientes não são explícitos sobre suas necessidades iniciais que não foram adequadamente atendidas. Nesses casos, o terapeuta sugere provisoriamente uma necessidade não atendida que faria sentido, levando em consideração a declaração do cliente.
2. Agir para atender às necessidades do cliente. Embora haja muitas ações que um terapeuta do esquema pode tomar, nesse exercício focamos em um número limitado de ações:
   - lembrar o cliente da sua conexão e apoio;
   - encorajar a expressão emocional do cliente;
   - sugerir um exercício de imagem mental que atenda à necessidade (p. ex., imagem mental de um lugar seguro).

Para cada intervenção, o terapeuta apresenta uma dessas ações em um tom caloroso e provisório.

CRITÉRIOS DA HABILIDADE PARA O EXERCÍCIO 9

1. Validar a expressão emocional do cliente e a ativação do seu modo criança como compreensível, dadas suas necessidades iniciais não atendidas.
2. Tomar uma das seguintes ações para atender à necessidade dentro dos limites profissionais:
   Ação 1: lembrar o cliente da sua conexão e apoio.
   Ação 2: encorajar a expressão emocional do cliente.
   Ação 3: sugerir um exercício de imagem mental que atenda à necessidade.

EXEMPLOS DE REPARENTALIZAÇÃO LIMITADA PARA OS MODOS CRIANÇA ZANGADA E CRIANÇA VULNERÁVEL

Exemplo 1

CLIENTE: [*Chateada*] É tão difícil acreditar que a minha melhor amiga de 30 anos vai mesmo se mudar para tão longe no mês que vem. Não consigo imaginar como vou prosseguir com a minha vida sem seu apoio constante. É como quando o meu pai nos deixou há tantos anos.

TERAPEUTA: Faz sentido que a sua parte vulnerável esteja se expressando aqui quando você recorda a perda do seu pai. As mágoas e os medos dessa parte vulnerável são compreensíveis, já que você teve pouco apoio para expressão emocional quando era criança (Critério 1). Precisamos de ser gentis e pacientes com essa parte de você. Podemos focar agora na nossa conexão? Esse é um lugar para dar à "pequena você" o apoio de que ela precisa (Critério 2, Ação 1).

Exemplo 2

CLIENTE: [*Zangado*] Sei que você diz que se preocupa comigo, mas como posso acreditar nisso? Quero dizer, por que eu acreditaria que alguém pode realmente se importar comigo quando a minha própria mãe nunca prestou atenção em mim? No momento em que eu expressava a minha raiva, ela se fechava ou saía de perto.

TERAPEUTA: É claro que você não confiaria nas minhas palavras. Isso faz sentido para mim, já que a sua parte vulnerável não tinha ninguém com quem contar. Ninguém demonstrava um carinho consistente por você, e você não podia expressar a sua raiva com segurança quando era uma criança pequena. Você vai precisar de algum tempo para ter confiança nos meus cuidados (Critério 1). A sua expressão de raiva será bem-vinda. Há mais raiva que você queira expressar? (Critério 2, Ação 2)

Exemplo 3

CLIENTE: [*Triste*] Eu estava me lembrando de como os meus colegas de trabalho estavam rindo ontem do lado de fora da minha sala, mais uma vez. Suspeito que eles estavam fazendo piadas sobre mim. Sempre fui alvo de piadas e criticismo quando era criança. Essa é a história da minha vida. Isso nunca acaba.

TERAPEUTA: Deve ser muito difícil para a sua parte vulnerável quando ela percebe que está se tornando o alvo dos provocadores de novo. Quando criança, essa parte não tinha nenhuma proteção ou segurança, e com certeza ela precisava disso (Critério 1). Vamos ver se conseguimos trazer alguma proteção e conforto para essa parte de você, dessa vez usando uma imagem mental de segurança. Talvez você possa fechar os olhos e parar um momento para vê-la e senti-la? Eu vou guiar você (Critério 2, Ação 3).

INSTRUÇÕES PARA O EXERCÍCIO 9
Passo 1: *role-play* e *feedback*
• O cliente faz a primeira declaração do cliente no nível de dificuldade iniciante. O terapeuta improvisa uma resposta com base nos critérios da habilidade. • O instrutor (ou, se não estiver disponível, o cliente) fornece um breve *feedback* com base nos critérios da habilidade. • O cliente, então, repete a mesma declaração, e o terapeuta mais uma vez improvisa uma resposta. O instrutor (ou o cliente) mais uma vez fornece um breve *feedback*.
Passo 2: repetir
• Repita o passo 1 para todas as declarações no nível de dificuldade atual (iniciante, intermediário ou avançado).
Passo 3: avaliar e ajustar a dificuldade
• O terapeuta preenche o Formulário de reação à prática deliberada (veja o Apêndice A) e decide se deve tornar o exercício mais fácil ou mais difícil ou se deve repetir o mesmo nível de dificuldade.
Passo 4: repetir por aproximadamente 15 minutos
• Repita os passos 1 a 3 por pelo menos 15 minutos. • Os aprendizes trocam os papéis de terapeuta e cliente e começam de novo.

→ **Agora é a sua vez! Siga os passos 1 e 2 das instruções.**

Lembre-se: o objetivo do *role-play* é que os aprendizes pratiquem a improvisação de respostas às declarações de cliente de uma forma que (a) utilize os critérios da habilidade e (b) pareça autêntica para o aprendiz. **Exemplos de respostas do terapeuta para cada declaração do cliente são fornecidos no final desse exercício. Os aprendizes devem tentar improvisar as próprias respostas antes de lerem os exemplos.**

DECLARAÇÕES DO CLIENTE NO NÍVEL INICIANTE PARA O EXERCÍCIO 9
Declaração do cliente no nível iniciante – 1
[Triste] Esperei o fim de semana inteiro que ele me ligasse. A rejeição dele é insuportável. Nunca vou encontrar alguém que me ame. Vou ficar sozinha para sempre.
Declaração do cliente no nível iniciante – 2
[Devastada] Meu parceiro fala com o primo todos os dias e mal me dá bom dia. Eu não tenho importância para ele. Não tenho importância para ninguém. Sou invisível. Ninguém notaria se eu sumisse da face da terra.
Declaração do cliente no nível iniciante – 3
[Nervoso] Parece que você está ficando cansado de mim, assim como todos os outros. Não posso lhe culpar, sempre acabo afastando todos de mim. Só não vou suportar perder você também.
Declaração do cliente no nível iniciante – 4
[Chateada] É tão difícil acreditar que a minha melhor amiga de 30 anos vai mesmo se mudar para tão longe no mês que vem. Não consigo imaginar como vou prosseguir com a minha vida sem seu apoio constante. É como quando o meu pai nos deixou há tantos anos.
Declaração do cliente no nível iniciante – 5
[Sem esperança] Eu estava me lembrando de como os meus colegas de trabalho estavam rindo ontem do lado de fora da minha sala, mais uma vez. Suspeito que eles estavam fazendo piadas sobre mim. Sempre sou alvo de piadas e criticismo. Essa é a história da minha vida. Isso nunca acaba.

✋ **Avalie e ajuste a dificuldade antes de passar para o próximo nível de dificuldade (veja o passo 3 nas instruções do exercício).**

DECLARAÇÕES DO CLIENTE NO NÍVEL INTERMEDIÁRIO PARA O EXERCÍCIO 9
Declaração do cliente no nível intermediário – 1
[Zangado] Não existe essa coisa de "lugar seguro". Nunca tive qualquer proteção quando era criança. Era criminosa a forma como me tratavam. É espantoso que eu tenha sobrevivido. Foi tão injusto! Os meus pais deviam estar na cadeia.
Declaração do cliente no nível intermediário – 2
[Sem esperança] Mais uma vez, meu colega de trabalho cancelou o nosso almoço. Gostaria que você aceitasse que não há esperança de eu fazer amigos ou ter uma ligação íntima com alguém. Isso nunca vai acontecer. A minha própria mãe não brincava comigo, nem sequer falava comigo, muito menos demonstrava amor ou afeto.
Declaração do cliente no nível intermediário – 3
[Zangada] Sei que você diz que se preocupa comigo, mas como eu posso acreditar nisso? Quero dizer, por que eu acreditaria que alguém pode realmente se importar comigo quando a minha própria mãe nunca prestou atenção em mim? No momento em que eu expressava raiva, ela se fechava ou saía de perto.
Declaração do cliente no nível intermediário – 4
[Sobrecarregado] Não consigo fazer isso! Não posso ir a esse evento de negócios. Sei que vou ficar parado em um canto, sozinho. Ninguém vai falar comigo, eles vão passar direto por mim e provavelmente vão falar de mim uns com os outros. Vai ser como no ensino fundamental outra vez.
Declaração do cliente no nível intermediário – 5
[Devastada] Nunca vou ser feliz. O divórcio me arruinou para sempre. Sou uma pessoa esquecível, é a história da minha vida. Certamente, meu pai se sentiu assim quando deixou a minha mãe e a mim quando eu era pequena. A história é exatamente a mesma.

> ✋ **Avalie e ajuste a dificuldade antes de passar para o próximo nível de dificuldade (veja o passo 3 nas instruções do exercício).**

DECLARAÇÕES DO CLIENTE NO NÍVEL AVANÇADO PARA O EXERCÍCIO 9

Declaração do cliente no nível avançado – 1

[Assustada] Ontem à noite tive um pesadelo terrível em que o primo mais velho que abusou sexualmente de mim estava na porta da minha casa. Eu estava em pânico. Não acredito que isso ainda me assombra. Não aguento mais.

Declaração do cliente no nível avançado – 2

[Zangado] Ela está sempre fazendo promessas que não cumpre! Eu sei que ela acabou de ter um bebê e está em meio a uma mudança, mas quando lhe envio uma mensagem e ela não responde por quase uma hora, é ultrajante! Ela sempre foi a filha de ouro – aquela que os meus pais preferiam. Ela sempre sai impune de tudo. Estou farta disso; não é justo! Não falo mais com ela e não vou ajudá-la com seu novo bebê.

Declaração do cliente no nível avançado – 3

[Sem esperança] Como eu vou conseguir tomar decisões desafiadoras para a minha vida? Todas as decisões, grandes ou pequenas, sempre foram tomadas pela minha mãe. Agora, ela está sempre bêbada, ou doente na cama, e não sei o que fazer. Não sei como tomar conta de mim. Nunca vou descobrir como. Isso é muito difícil.

Declaração do cliente no nível avançado – 4

[Zangado] Só não sei por que você quer que eu expresse sentimentos. Os sentimentos só levam a arrependimentos e castigos. Eu era humilhado e castigado quando mostrava qualquer sinal de tristeza ou medo ao meu pai. Ele dizia-me sempre que eu viveria para me arrepender de ser tão fraco. Acho que ele tinha razão.

Declaração do cliente no nível avançado – 5

[Zangada] Não acredito que você esqueceu o nome do vizinho que me abusou! Como você pode esquecer?! Não sou importante para você? Você é como todos os outros que fingem ouvir, mas na verdade me ignoram. Você diz que se preocupa, mas é um mentiroso. Todos mentem para mim.

> **Avalie e ajuste a dificuldade aqui (veja o passo 3 nas instruções do exercício). Se apropriado, siga as instruções para tornar o exercício ainda mais desafiador (veja o Apêndice A).**

EXEMPLOS DE RESPOSTAS DO TERAPEUTA: REPARENTALIZAÇÃO LIMITADA PARA OS MODOS CRIANÇA ZANGADA E CRIANÇA VULNERÁVEL

Lembre-se: os aprendizes devem tentar improvisar suas próprias respostas antes de lerem os exemplos. **Não leia textualmente as respostas a seguir, a não ser que esteja com dificuldade para elaborar suas próprias respostas!**

EXEMPLOS DE RESPOSTAS A DECLARAÇÕES DO CLIENTE NO NÍVEL INICIANTE PARA O EXERCÍCIO 9

Exemplo de resposta à declaração do cliente no nível iniciante – 1

É claro que foi extremamente doloroso para você, considerando-se a solidão da sua infância. A sua parte criança vulnerável traz consigo os sentimentos de desespero do início da sua vida (Critério 1). Quero que agora você se concentre na nossa conexão. Você se sente sozinha aqui comigo, hoje? Esse é o ponto de partida para dar à "pequena você" a conexão que ela precisa (Critério 2, Ação 1).

Exemplo de resposta à declaração do cliente no nível iniciante – 2

É profundamente doloroso para qualquer pessoa sentir que não é importante para ninguém. Quando você está no seu modo criança vulnerável, todos esses sentimentos dolorosos da infância voltam (Critério 1). Nesse momento, você consegue aceitar que eu diga que a vejo e que notaria a sua ausência se você desaparecesse? Você é importante para mim. Tente deixar que a sua parte vulnerável aceite isso (Critério 2, Ação 1).

Exemplo de resposta à declaração do cliente no nível iniciante – 3

É claro que você reage quando sente que está perdendo outra pessoa, levando em conta a perda que experienciou quando era criança. A sua pequena parte vulnerável fica aterrorizada quando isso acontece (Critério 1). Não me sinto cansado de você e reconheço a coragem necessária para expressar esses medos. O que a ajudaria a sentir a nossa conexão nesse momento? (Critério 2, Ação 1)

Exemplo de resposta à declaração do cliente no nível iniciante – 4

Faz sentido que a sua parte vulnerável esteja se expressando aqui quando você se lembra da perda do seu pai. Suas mágoas e seus medos são compreensíveis, considerando-se que você teve pouco apoio para expressão emocional quando era criança (Critério 1). Precisamos ser gentis e pacientes com esta parte sua. Podemos focar agora na nossa conexão? Este é um lugar para dar à "pequena você" o apoio de que ela precisa (Critério 2, Ação 1).

Exemplo de resposta à declaração do cliente no nível iniciante – 5

Deve ser muito difícil para a sua parte vulnerável quando ela percebe que está se tornando o alvo dos provocadores de novo. Quando criança, ela não tinha proteção ou segurança, e certamente precisava disso (Critério 1). Vamos ver se conseguimos trazer alguma proteção e conforto para essa parte sua, usando uma imagem mental de segurança. Talvez você possa fechar os olhos e parar um momento para vê-la e senti-la? Eu vou guiá-lo (Critério 2, Ação 3).

EXEMPLOS DE RESPOSTAS A DECLARAÇÕES DO CLIENTE NO NÍVEL INTERMEDIÁRIO PARA O EXERCÍCIO 9

Exemplo de resposta à declaração do cliente no nível intermediário – 1

É claro, você está zangada. Sua pequena parte zangada sente a injustiça que você experienciou profundamente quando ela é ativada hoje (Critério 1). Que bom que você está expressando isso agora. Deixe que a sua criança zangada se expresse tanto quanto precise e tão alto quanto queira. Ela é bem-vinda aqui (Critério 2, Ação 2).

Exemplo de resposta à declaração do cliente no nível intermediário – 2

Entendo o desespero que você deve sentir quando recorda a negligência da sua mãe. Sua criança vulnerável tem anseio por uma conexão segura e o amor que toda criança precisa (Critério 1). Quero que examinemos como você pode sentir a nossa conexão de forma segura agora. Que tal aproximar a sua cadeira da minha para que possa sentir a minha presença aqui com você e estabelecer mais contato visual?
O que você acha? (Critério 2, Ação 1)

Exemplo de resposta à declaração do cliente no nível intermediário – 3

É claro que você não confiaria nas minhas palavras. Isso faz sentido para mim, já que a sua parte vulnerável não tinha ninguém com quem contar, ninguém demonstrava um carinho consistente por você, e você não podia expressar a sua raiva com segurança quando era criança. Você vai precisar de algum tempo para ter confiança nos meus cuidados (Critério 1). A sua expressão de raiva será bem-vinda. Há mais raiva que você queira expressar? (Critério 2, Ação 2)

Exemplo de resposta à declaração do cliente no nível intermediário – 4

Percebo que todos aqueles sentimentos de pânico estão voltando quando você considera estar em uma situação social. A sua parte criança vulnerável imagina que ela vai experienciar aquela visibilidade dolorosa do ensino fundamental. Quando esse modo é ativado, você espera ser tratado da mesma maneira que foi naquela época (Critério 1). Sugiro que feche os olhos e, usando uma imagem mental, retorne ao seu lugar seguro. Eu vou com você para que não tenha que ficar sozinho lá (Critério 2, Ação 3).

Exemplo de resposta à declaração do cliente no nível intermediário – 5

O divórcio é uma experiência dolorosa para qualquer um, particularmente porque você teve a experiência de o seu pai ter ido embora quando era criança. Todas essas memórias e sentimentos voltam quando o seu modo criança vulnerável é ativado, como hoje (Critério 1). Esse é um lugar seguro onde você pode compartilhar todos esses sentimentos difíceis com que teve de lidar por tanto tempo (Critério 2, Ação 2).

EXEMPLOS DE RESPOSTAS A DECLARAÇÕES DO CLIENTE NO NÍVEL AVANÇADO PARA O EXERCÍCIO 9

Exemplo de resposta à declaração do cliente no nível avançado – 1

É claro, isso seria aterrador para qualquer pessoa. Já é suficientemente mau para o seu *self* adulto, mas a parte criança vulnerável sente a ameaça e acredita que o perigo está presente, voltando ao tempo em que ela não estava protegida (Critério 1). Sinta a sua presença aqui comigo, no meu consultório, onde vou lhe proteger e ninguém poderá lhe fazer mal. Imagine uma bolha protetora de segurança nos cercando, e que ninguém consegue penetrá-la. Sempre que essa memória surgir, use a imagem da bolha para ter segurança (Critério 2, Ação 3).

Exemplo de resposta à declaração do cliente no nível avançado – 2

Fico contente por você estar expressando a raiva que sente sobre isso. Não foi justo. Ser ignorada é um grande gatilho para você, pois seu modo criança zangada recorda todas as vezes em que a sua mãe deu toda a atenção à sua irmã. Você não recebeu a atenção nem o tempo que toda criança precisa para se sentir importante (Critério 1). Permita-se expressar tudo o que sente em relação a isso – dê-lhe voz. Só depois que conseguir fazer isso é que você saberá que ação quer realmente tomar hoje (Critério 2, Ação 2).

Exemplo de resposta à declaração do cliente no nível avançado – 3

É claro, isso parece muito difícil para você, já que não tem prática em tomar essas decisões. Quando se defronta com uma decisão importante, os esquemas são ativados e seu modo criança ansiosa vulnerável é desencadeado. Ninguém o ensinou a tomar decisões, apenas o fizeram por você. Você precisava de orientação e apoio quando criança para que a sua confiança em suas capacidades crescesse (Critério 1). Felizmente, não é tarde demais para aprender isso, e eu posso ajudá-lo a aprender a tomar suas próprias decisões. Você não está sozinho. Vamos enfrentar isso juntos (Critério 2, Ação 1).

Exemplo de resposta à declaração do cliente no nível avançado – 4

Compreendo que isso não faz sentido para você. A sua parte vulnerável era envergonhada e ameaçada sempre que você demonstrava qualquer sentimento de estresse ao seu pai; isso fazia você sentir como se estivesse sendo fraco e que isso só poderia resultar em coisas ruins para você no futuro (Critério 1). Mas expressar os seus sentimentos é uma forma natural de comunicar suas necessidades enquanto criança. Toda criança precisa de um lugar seguro para expressar seus sentimentos, e, na verdade, isso pode levar a resultados positivos na sua vida. Vou ajudá-lo a experimentar isso ao longo do tempo (Critério 2, Ação 2).

Exemplo de resposta à declaração do cliente no nível avançado – 5

Entendo que você esteja desapontado comigo nesse momento. O meu lapso de memória ativou seu modo criança zangada e você se sente como se sentia com seu pai quando era criança e ele dizia que a amava, mas a tratava como se não tivesse importância. Essa parte sua está muito furiosa e cansada de ser tratada assim (Critério 1). Lamento muito por me ter esquecido do nome. Não é porque não me interesso por você ou que você não seja importante para mim. Isso aconteceu porque eu não sou perfeito e não sou bom em lembrar de nomes. Entendo, também, que vai ser preciso tempo e o meu comportamento atencioso para que você confie nisso. O meu plano é estar aqui com você até que isso aconteça (Critério 2, Ação 1).

Exercício 10

Reparentalização limitada para o modo crítico internalizado exigente/punitivo

PREPARAÇÃO PARA O EXERCÍCIO 10

1. Leia as instruções no Capítulo 2.
2. Faça *download* do Formulário de reação à prática deliberada e do Formulário diário da prática deliberada disponíveis no material complementar do livro em loja.grupoa.com.br (também disponíveis nos Apêndices A e B, respectivamente).

DESCRIÇÃO DA HABILIDADE

Nível de dificuldade da habilidade: avançado

Essa habilidade identifica e desafia as mensagens do modo crítico internalizado. O modo crítico internalizado é tipicamente a voz crítica, punitiva ou exigente herdada/internalizada de um dos pais ou de outro cuidador significativo na vida da criança. Os modos críticos internalizados também podem ser derivados de *bullying* ou provocação severa durante a infância e adolescência do cliente. Em algumas circunstâncias, o crítico internalizado pode evoluir a partir da imitação de um dos pais ou cuidador que modelou a autocrítica, transmitindo mensagens críticas exigentes e duras. O terapeuta visa adaptar, com o tempo, as mensagens exigentes e críticas para mensagens carinhosas e de apoio, substituindo a voz do crítico pela voz de um "bom pai" saudável, carinhoso e apoiador.

Para esse exercício, o terapeuta melhora uma resposta para cada declaração do cliente, primeiro apontando a presença do modo crítico internalizado e especulando sobre suas origens na infância. O terapeuta continua desafiando diretamente este crítico, rotulando-o como impreciso, infundado, tendencioso, injusto ou simplesmente mal transmitido. Por fim, o terapeuta fornece uma resposta de reparentalização limitada, sugerindo uma mensagem alternativa do "bom pai" que atenda uma necessidade presente na declaração do cliente. Esta habilidade requer que o terapeuta aja com um certo nível de confiança cuidadosa para "impor-se" de forma convincente perante o modo crítico e proporcionar uma experiência apoiadora e corretiva que contrarie as mensagens duras que o cliente possa ter recebido.

> **CRITÉRIOS DA HABILIDADE PARA O EXERCÍCIO 10**
>
> 1. Apontar o modo crítico internalizado e especular sobre suas origens na infância.
> 2. Desafiar a mensagem do crítico como imprecisa, infundada, tendenciosa ou injusta.
> 3. Sugerir uma mensagem alternativa do "bom pai" para atender à necessidade atual do cliente.

EXEMPLOS DE REPARENTALIZAÇÃO LIMITADA PARA O MODO CRÍTICO INTERNALIZADO EXIGENTE/PUNITIVO

Exemplo 1

CLIENTE: [*Triste*] Tenho me sentido sozinha e triste desde o divórcio, mas sei que estou fazendo tempestade em copo d'água e sendo uma chorona, como sempre. Eu devia ser capaz de encerrar este capítulo e prosseguir com a minha vida.

TERAPEUTA: Parece que você recebeu a mensagem, quando criança, de que a sua necessidade perfeitamente razoável de se sentir triste, sofrer ou se magoar lhe fazia ser "chorona" ou "fraca", o que levou a esse crítico internalizado que agora aparece quando há mágoa (Critério 1). Uma perda é muito difícil, independentemente das circunstâncias. Não é justo que esta parte crítica esteja sendo tão dura com você (Critério 2). É importante reconhecermos a tristeza e darmos espaço para o luto e a dor da sua perda. Você está triste, e isso faz sentido. Você tem direito a esses sentimentos (Critério 3).

Exemplo 2

CLIENTE: [*Sem esperança*] Não sei por que eu esperava que o encontro corresse bem. Eu deveria simplesmente aceitar que sou um fracasso que ninguém quer ter por perto. Até a minha mãe não gostava de mim e dizia que eu era uma decepção.

TERAPEUTA: Sua mãe claramente tinha alguns problemas, o que fazia você sentir que não merecia a atenção de ninguém. Não é de admirar que tenha desenvolvido este modo crítico internalizado que é tão severo. Você ainda sente essa mensagem dura no seu íntimo (Critério 1). Sejam quais fossem as intenções da sua mãe, ela estava errada ao dizer essas coisas a uma criança inocente (Critério 2). É doloroso experienciar a sensação de ser rejeitada ou ignorada. Mas acho que juntos podemos encontrar uma forma razoável de compreender o que realmente aconteceu no seu encontro e ajudá-la a lidar com esses sentimentos (Critério 3).

Exemplo 3

CLIENTE: [*Ansiosa*] Tenho tanto medo de também afastar você, assim como a todos os outros na minha vida. Você deve estar farto de mim. Tudo o que faço é me queixar da minha vida. Não faço nada a respeito. Estou farta de mim mesma.

TERAPEUTA: Este é o seu modo crítico internalizado, a parte que é impaciente, dura e exigente. Provavelmente você já ouviu algumas dessas mensagens críticas no seu passado, de uma forma ou de outra, e elas ainda estão por aí (Critério 1). Essas mensagens críticas são realmente injustas e inúteis para você (Critério 2). Eu me preocupo muito com você. É assustador enfrentar novos desafios. Você demonstrou muita coragem só de me deixar lhe conhecer, e isso é um privilégio para mim. Acho que você pode precisar experimentar uma nova mensagem, como: "Estou bem como sou e vou continuar a crescer, a aprender e a fazer escolhas saudáveis, no meu próprio tempo e do meu jeito". E para o seu crítico internalizado, poderia dizer: "Deixe-me em paz!" (Critério 3).

INSTRUÇÕES PARA O EXERCÍCIO 10
Passo 1: *role-play* e *feedback*
• O cliente faz a primeira declaração do cliente no nível de dificuldade iniciante. O terapeuta improvisa uma resposta com base nos critérios da habilidade. • O instrutor (ou, se não estiver disponível, o cliente) fornece um breve *feedback* com base nos critérios da habilidade. • O cliente, então, repete a mesma declaração, e o terapeuta mais uma vez improvisa uma resposta. O instrutor (ou o cliente) mais uma vez fornece um breve *feedback*.
Passo 2: repetir
• Repita o passo 1 para todas as declarações no nível de dificuldade atual (iniciante, intermediário ou avançado).
Passo 3: avaliar e ajustar a dificuldade
• O terapeuta preenche o Formulário de reação à prática deliberada (veja o Apêndice A) e decide se deve tornar o exercício mais fácil ou mais difícil ou se deve repetir o mesmo nível de dificuldade.
Passo 4: repetir por aproximadamente 15 minutos
• Repita os passos 1 a 3 por pelo menos 15 minutos. • Os aprendizes trocam os papéis de terapeuta e cliente e começam de novo.

> **Agora é a sua vez! Siga os passos 1 e 2 das instruções.**

Lembre-se: o objetivo do *role-play* é que os aprendizes pratiquem a improvisação de respostas às declarações de cliente de uma forma que (a) utilize os critérios da habilidade e (b) pareça autêntica para o aprendiz. **Exemplos de respostas do terapeuta para cada declaração do cliente são fornecidos no final desse exercício. Os aprendizes devem tentar improvisar as próprias respostas antes de lerem os exemplos.**

DECLARAÇÕES DO CLIENTE NO NÍVEL INICIANTE PARA O EXERCÍCIO 10

Declaração do cliente no nível iniciante – 1

[Triste] Você é muito gentil e carinhoso comigo, mas isso é porque você é um terapeuta. Isso é o que se espera que faça. **[Desgostoso]** Não consigo imaginar como é que alguém no mundo real iria querer me aturar se realmente me conhecesse. Aprendi há muito tempo que sou simplesmente um fracassado patético. Não é de estranhar que o meu telefone nunca toque e que eu nunca seja convidado para algum evento social.

Declaração do cliente no nível iniciante – 2

[Choroso] Não sei como vou conseguir fazer essa apresentação diante da comissão. **[Agitado]** Estou me preparando há meses, mas sei que não é suficiente. Nunca vou ser tão interessante ou divertido como os meus colegas quando fazem uma apresentação. Meu pai estava certo. O melhor que posso esperar é fazer papel de bobo se deixar que os outros vejam o meu verdadeiro eu.

Declaração do cliente no nível iniciante – 3

[Triste] Eu tinha tanta esperança de que talvez ele me convidasse para jantar. Achei que estávamos tendo uma boa conexão. Que idiota que eu sou! O que eu estava pensando? Posso ouvir o alerta da minha mãe na minha cabeça. Sou tão feia e chata. Por que um homem bonito, charmoso e inteligente como ele iria querer sair com alguém como eu?

Declaração do cliente no nível iniciante – 4

[Exasperado] Sinto muito. Sei que você está fazendo o melhor que pode para me ajudar. Deve ser muito frustrante para você ter que lidar com alguém como eu. Essa é a história da minha vida, sempre foi. Eu não consigo levar nada adiante. Tudo o que faço é me queixar, estou destinado a ficar preso a uma vida infeliz, e a culpa é toda minha. Realmente não me aguento mais!

Declaração do cliente no nível iniciante – 5

[Triste] Tenho me sentido sozinha e triste desde o divórcio, mas sei que estou fazendo tempestade em copo d'água e agindo como uma chorona. Eu devia ser capaz de encerrar este capítulo e prosseguir com a minha vida.

> **Avalie e ajuste a dificuldade antes de passar para o próximo nível de dificuldade (veja o passo 3 nas instruções do exercício).**

DECLARAÇÕES DO CLIENTE NO NÍVEL INTERMEDIÁRIO PARA O EXERCÍCIO 10
Declaração do cliente no nível intermediário – 1
[Preocupado] Não posso acreditar que fui promovido no trabalho. Eu sou uma fraude. Eles não sabem como sou terrivelmente preguiçoso e estúpido e quanto tempo passo fazendo trabalhos em casa à noite e nos fins de semana, só para conseguir cumprir meus prazos. Logo eles vão descobrir o que os meus pais sempre souberam – que sou incompetente. Provavelmente eles vão me tirar a promoção. Vai ser muito vergonhoso.
Declaração do cliente no nível intermediário – 2
[Sem esperança] Não sei por que eu esperava que o encontro corresse bem. Eu devia simplesmente aceitar que sou um fracasso que ninguém quer ter por perto. Até a minha mãe não gostava de mim e dizia que eu era uma decepção.
Declaração do cliente no nível intermediário – 3
[Ansiosa] Tenho tanto medo de também afastar você, assim como a todos os outros na minha vida. Você deve estar farto de mim. Sei que tenho feito progresso, mas não me esforço o suficiente. Estou constantemente evitando tudo que me deixa desconfortável. Tudo o que faço é me queixar da minha vida. Não faço nada a respeito. Estou cansada de mim mesma.
Declaração do cliente no nível intermediário – 4
[Zangada] Estou muito zangada nesse momento, e não tenho o direito de me sentir assim. Sou eu quem destrói as minhas amizades. Eu afasto as pessoas. Sou muito sensível, exigente e carente. Choro com muita facilidade e espero que todos tenham pena de mim – que patético! A minha mãe tinha razão. Sou uma mercadoria avariada
Declaração do cliente no nível intermediário – 5
[Sem esperança] Por que que nunca consigo acertar? Perdi outra venda esta semana, e meu chefe ficou claramente desapontado. Não posso culpá-lo. Não me estou me esforçando o suficiente. Sei que o meu colaborador teria feito um trabalho muito melhor para garantir esta venda. Não sou suficientemente inteligente. Isso é como ter que competir com o meu irmão mais velho. Meu pai sempre disse que ele seria um sucesso e eu acabaria vivendo em uma caixa.

> ✋ **Avalie e ajuste a dificuldade antes de passar para o próximo nível de dificuldade (veja o passo 3 nas instruções do exercício).**

DECLARAÇÕES DO CLIENTE NO NÍVEL AVANÇADO PARA O EXERCÍCIO 10

Declaração do cliente no nível avançado – 1

[Zangada] Provavelmente você não acredita em mim, mas eu estava mesmo ansiosa por esta sessão. Se fosse suficientemente inteligente, teria saído de casa um pouco mais cedo para evitar o trânsito. Mas sou estúpida e não prestei atenção às horas, mais uma vez, e agora estou atrasada. Gritei comigo mesma durante todo o caminho até aqui. Estou farta de ser eu.

Declaração do cliente no nível avançado – 2

[Triste] Não mereço ser feliz. É por minha culpa que a minha mãe está sempre sozinha. Não lhe telefono o suficiente; não demonstro gratidão suficiente por tudo o que ela me deu. Sou egoísta. Eu devia estar morando com ela e lhe fazendo companhia. Quero dizer, não tenho vida própria, mesmo. Se alguma coisa lhe acontecer, ela diz que vou viver para me arrepender dos meus atos. Provavelmente, ela também tem razão em relação a isso.

Declaração do cliente no nível avançado – 3

[Sem esperança] Não sou suficientemente bom. Fui reprovado novamente em uma parte do meu exame de licenciamento e vou ter que repetir. Simplesmente não tenho o que é preciso para ser médico. Meu pai me disse que eu não deveria tentar assumir um trabalho tão difícil – que isso estava além das minhas capacidades.

Declaração do cliente no nível avançado – 4

[Pesarosa] Passei tantos anos em terapia. O que há de errado comigo? Como demorei tanto tempo para perceber que estava vivendo em uma relação destrutiva? Por que não vi isso antes? Talvez eu gostasse de ser maltratada. Talvez eu seja apenas uma rainha do drama em busca de atenção. A minha mãe tinha estava certa. Que perda de tempo. Nunca vou me perdoar.

Declaração do cliente no nível avançado – 5

[Assustada] Cheguei no estacionamento e fiquei paralisada. Não consegui entrar no restaurante. Quando eu vou crescer e superar esta fobia ridícula? Sou uma mulher de 45 anos e me comporto como uma criança fraca e patética que tem medo de fantasmas. Sou uma vergonha.

Avalie e ajuste a dificuldade aqui (veja o passo 3 nas instruções do exercício). Se apropriado, siga as instruções para tornar o exercício ainda mais desafiador (veja o Apêndice A).

EXEMPLOS DE RESPOSTAS DO TERAPEUTA: REPARENTALIZAÇÃO LIMITADA PARA O MODO CRÍTICO INTERNALIZADO EXIGENTE/PUNITIVO

Lembre-se: os aprendizes devem tentar improvisar suas próprias respostas antes de lerem os exemplos. **Não leia textualmente as respostas a seguir, a não ser que esteja com dificuldade para elaborar suas próprias respostas!**

EXEMPLOS DE RESPOSTAS A DECLARAÇÕES DO CLIENTE NO NÍVEL INICIANTE PARA O EXERCÍCIO 10
Exemplo de resposta à declaração do cliente no nível iniciante – 1
Parece que o seu modo crítico internalizado está sendo ativado. Essa é a parte sua que se torna injustamente dura e vergonhosa em relação a você. Quando você era apenas uma criança, lhe fizeram sentir que não era digna de amor e atenção (Critério 1). Essa mensagem não só foi dolorosa, mas também errada (Critério 2). Toda criança, incluindo você, merece ser amada e receber atenção. Eu sou cuidadoso com você porque você merece esse cuidado. Você é uma boa pessoa e vou ajudá-la a fazer as conexões importantes e significativas que estão faltando na sua vida (Critério 3).
Exemplo de resposta à declaração do cliente no nível iniciante – 2
Estou detectando a voz do seu modo crítico internalizado – a voz do seu pai que nunca conseguiu ver a bondade e a beleza do seu precioso filho (Critério 1). Nada é suficientemente bom para este crítico, e ele sempre prevê um mau resultado. E precisa ser silenciado porque, apesar de qualquer proteção que tenha tentado promover, ele o magoou com essa falsa mensagem (Critério 2). Ninguém é perfeito, mas todos somos suficientemente bons à nossa maneira. Você se preparou bem, e não precisa de ser perfeito. Só precisa de ser você mesmo. Isso é bom o suficiente (Critério 3).
Exemplo de resposta à declaração do cliente no nível iniciante – 3
Toda criança precisa se sentir querida e aceita pelos seus cuidadores. Este parece ser o crítico internalizado que está se mostrando agora, a voz da sua mãe como você a percebia (Critério 1). A mensagem é dura e terrivelmente injusta, e também não é verdadeira (Critério 2). Você é uma pessoa adorável, e certamente há outra razão para John não lhe ter convidado. Vou ajudá-la a considerar as alternativas enquanto trabalhamos juntos para silenciar este modo crítico internalizado (Critério 3).
Exemplo de resposta à declaração do cliente no nível iniciante – 4
Parece que é o seu modo crítico internalizado falando nesse momento. É estressante ouvir o quanto ele pode ser duro quando você está com dificuldades. Nunca houve ninguém que o orientasse e apoiasse quando você era pequeno, como toda criança precisa (Critério 1). Seu crítico internalizado imediatamente o deprecia e é punitivo quando você não é perfeito, e isso tem que acabar. Temos que ser aliados na luta contra essas falsas mensagens (Critério 2). Vejo alguém à minha frente que teve dificuldades e que está trabalhando arduamente para se curar e fazer escolhas difíceis. O processo é lento, mas essa pessoa é boa e está crescendo (Critério 3).

(Continua)

EXEMPLOS DE RESPOSTAS A DECLARAÇÕES DO CLIENTE NO NÍVEL INICIANTE PARA O EXERCÍCIO 10 *(Continuação)*
Exemplo de resposta à declaração do cliente no nível iniciante – 5
Parece que você recebeu a mensagem, quando criança, de que a sua necessidade perfeitamente razoável de se sentir triste, sofrer ou se magoar lhe fazia ser "chorona" ou "fraca", o que levou a este crítico internalizado que surge quando você se sente magoada (Critério 1). A perda é muito difícil, independentemente das circunstâncias. Não é justo que esta parte crítica esteja sendo tão dura. É importante reconhecermos a tristeza e darmos espaço ao luto e à dor da sua perda (Critério 2). Você está triste, e isso faz sentido. Você tem direito a esses sentimentos (Critério 3).

EXEMPLOS DE RESPOSTAS A DECLARAÇÕES DO CLIENTE NO NÍVEL INTERMEDIÁRIO PARA O EXERCÍCIO 10
Exemplo de resposta à declaração do cliente no nível intermediário – 1
É triste que lhe tenha sido ensinado que você não pode confiar nas suas próprias capacidades. Toda criança precisa ser elogiada e reconhecida pelos seus esforços e apoiada nas suas dificuldades. Este é claramente o seu modo crítico internalizado sendo ativado, com base nas mensagens iniciais dos seus pais (Critério 1). Essas declarações negativas são injustificadas. E mesmo que este crítico esteja tentando evitar que você tenha a surpresa de um resultado embaraçoso, a forma como o faz é imprecisa, dura e inaceitável (Critério 2). Você ganhou essa promoção porque trabalha muito – até mais do que é justo para você. Você está se saindo bem, e tem direito a celebrar esta vitória (Critério 3).
Exemplo de resposta à declaração do cliente no nível intermediário – 2
Sua mãe claramente tinha alguns problemas, o que fazia você sentir que não merecia a atenção de ninguém. Não é de admirar que tenha desenvolvido este modo crítico internalizado que é tão severo. Você ainda sente essa mensagem dura no seu íntimo (Critério 1). Sejam quais fossem as intenções da sua mãe, ela estava errada ao dizer essas coisas a uma criança preciosa e inocente (Critério 2). É doloroso experienciar a sensação de ser rejeitada ou ignorada. Mas acho que juntos podemos encontrar uma forma razoável de compreender o que realmente aconteceu no seu encontro e ajudá-la a lidar com esses sentimentos (Critério 3).
Exemplo de resposta à declaração do cliente no nível intermediário – 3
Esse é o seu modo crítico internalizado, a parte que é impaciente, dura e exigente. Provavelmente, você já ouviu algumas dessas mensagens críticas no passado, de uma forma ou de outra, e elas ficaram com você (Critério 1). No fim das contas, essas mensagens críticas são muito injustas e inúteis (Critério 2). Eu me preocupo muito com você. É assustador enfrentar novos desafios. Você demonstrou muita coragem só de me deixar conhecê-lo, e isso é um privilégio. Acho que talvez você precise experimentar uma nova mensagem, como: "Estou bem como estou e vou continuar a crescer, a aprender e a fazer escolhas saudáveis, no meu tempo e do meu jeito". E ao seu crítico internalizado, você pode dizer: "Deixe-me em paz!" (Critério 3).
Exemplo de resposta à declaração do cliente no nível intermediário – 4
Esse é o seu modo crítico que está falando agora. É a mensagem internalizada que vem da sua mãe, que não foi capaz de atender à sua necessidade natural de amor e atenção quando você era criança (Critério 1). Em vez disso, ela a culpou, chamando-a de "mercadoria avariada", o que foi punitivo e inaceitável. Nenhuma criança é uma mercadoria avariada (Critério 2). Você era como qualquer outra criança, que é naturalmente carente, sensível, amável e inocente, e podemos examinar mais cuidadosamente o que está acontecendo nas suas amizades, sem a acusação dura e a crítica que só lhe magoam (Critério 3).

(Continua)

> **EXEMPLOS DE RESPOSTAS A DECLARAÇÕES DO CLIENTE NO NÍVEL INTERMEDIÁRIO PARA O EXERCÍCIO 10 *(Continuação)***
>
> **Exemplo de resposta à declaração do cliente no nível intermediário – 5**
>
> Você aprendeu com seu pai, desde muito novo, que nunca conseguiria fazer as coisas direito. Esse é seu modo crítico internalizado e, quando as coisas não são perfeitas, ele é ativado, tornando-se duro e ofensivo com você (Critério 1). É injusto que o seu pai lhe comparasse com o seu irmão mais velho e não o valorizasse por ser você, obrigando-o a competir de uma forma que não era razoável. Isso não é bom, nunca foi bom (Critério 2). Todos temos direito a ter um dia ruim ou a passar por uma má fase em nosso trabalho. Não podemos acertar sempre. Você está bem e não precisa competir pela aprovação do seu pai. Vamos resolver isso juntos (Critério 3).

EXEMPLOS DE RESPOSTAS A DECLARAÇÕES DO CLIENTE NO NÍVEL AVANÇADO PARA O EXERCÍCIO 10

Exemplo de resposta à declaração do cliente no nível avançado – 1

Toda criança precisa de orientação e apoio, elogios e aceitação por parte dos adultos de quem depende. Este parece ser um modo crítico internalizado que se desenvolveu a partir das expectativas irrealistas do seu avô em relação a você, repletas de mensagens duras (Critério 1). É muito extremo chamar a si mesmo de estúpido. Seu avô estava errado, esperando demais e tendo reações exageradas (Critério 2). Nem sempre você tem como saber se o trânsito vai estar muito intenso. Você não é estúpida quando comete um erro ou se depara com um obstáculo. Às vezes, é assim que a vida acontece. É claro, acredito que queria estar aqui, e estou muito feliz que tenha conseguido chegar apesar do trânsito (Critério 3).

Exemplo de resposta à declaração do cliente no nível avançado – 2

Uau, essas mensagens não deixam qualquer espaço para ser feliz, como se você tivesse vindo a este mundo só para cuidar da sua mãe. Parece que foi ativado um modo crítico internalizado muito forte (Critério 1). O papel de uma mãe é amar e proteger seu filho, encorajá-lo a crescer e a descobrir a sua identidade. Era função dela apoiar a sua autonomia. Não era você que estava sendo egoísta (Critério 2). Você merece ser feliz. Você tem sido tão dedicada à sua mãe, mesmo quando isso significou renunciar aos seus próprios direitos e necessidades. Você é muito atenciosa e tem direito de ter uma vida própria (Critério 3).

Exemplo de resposta à declaração do cliente no nível avançado – 3

Este é o seu modo crítico sendo ativado nesse momento, e você imediatamente se lembra das mensagens do seu pai. Parece que ele lhe ensinou a perder a confiança em si mesmo se cometesse um erro e a evitar os desafios (Critério 1). Você foi reprovado em uma parte da prova, mas é só nisso que o seu crítico foca, e isso não é justo. Isso não significa que você não possa ser médico. A avaliação do seu pai foi injusta e excessivamente negativa, e agora o seu crítico está lhe fazendo eco. Isso não é aceitável (Critério 2). Você é suficientemente bom, mas todos nós enfrentamos dificuldades de vez em quando, e podemos tentar de novo, se quisermos. Você pode optar por refazer a prova (Critério 3).

Exemplo de resposta à declaração do cliente no nível avançado – 4

Uau! Estou ouvindo o seu crítico em alto e bom som nessas mensagens! Toda criança precisa que os adultos na sua vida lhe deem conforto e atenção quando está perturbada (Critério 1). Sua mãe não foi capaz de atender às suas necessidades naturais e, em vez disso, lhe passou uma mensagem muito tendenciosa sobre você, que é completamente falsa e injusta (Critério 2). Ninguém gosta de ser maltratado, e você também não gostou. Nem pela sua mãe, nem agora pelo seu parceiro. Agora você está entendendo as coisas com mais clareza, você está se curando. As relações podem ser muito complicadas. Você está bem (Critério 3).

(Continua)

EXEMPLOS DE RESPOSTAS A DECLARAÇÕES DO CLIENTE NO NÍVEL AVANÇADO PARA O EXERCÍCIO 10 *(Continuação)*
Exemplo de resposta à declaração do cliente no nível avançado – 5
Toda criança tem momentos de medo e precisa que seus cuidadores a confortem e a ajudem a se sentir segura. Isso é claramente um modo crítico internalizado sendo ativado, enviando mensagens duramente críticas em um momento em que você estava assustada (Critério 1). É triste e injusto que alguém passe uma mensagem dessas a uma criança de 5 anos quando ela está sentindo medo. Ela precisa de conforto tranquilizador e de uma voz de encorajamento gentil, não de julgamento e maldade (Critério 2). Vou ajudá-la a criar mensagens acuradas para a criança pequena que há em você, bem como para o seu *self* adulto. Dessa vez, você conseguiu chegar até o estacionamento. Este foi um grande passo para você. Fazemos progressos por etapas e estou orgulhoso de você (Critério 3).

Exercício 11

Reparentalização limitada para os modos de enfrentamento desadaptativo
Confrontação empática

PREPARAÇÃO PARA O EXERCÍCIO 11

1. Leia as instruções no Capítulo 2.
2. Faça *download* do Formulário de reação à prática deliberada e do Formulário diário da prática deliberada disponíveis no material complementar do livro em loja.grupoa.com.br (também disponíveis nos Apêndices A e B, respectivamente).

DESCRIÇÃO DA HABILIDADE
Nível de dificuldade da habilidade: avançado

Confrontação empática é uma resposta de reparentalização limitada usada para abordar modos de enfrentamento desadaptativo. O terapeuta aponta os comportamentos problemáticos que surgem no modo de enfrentamento em termos de como eles não atendem às necessidades do cliente. Por exemplo, afastar as pessoas com comportamentos de provocação-ataque impede a conexão que o cliente precisa em relacionamentos íntimos. A empatia do terapeuta é usada para expressar uma compreensão clara das razões para esses comportamentos do modo de enfrentamento, baseados em experiências anteriores e padrões construídos (modos) para enfrentamento, ao mesmo tempo também apontando como esses padrões são autodestrutivos e bloqueiam o atendimento das necessidades do cliente. É essencial confrontar o comportamento visado quando ele impede o funcionamento interpessoal e prático saudável do cliente, pois este é um componente-chave dos problemas de transtorno da personalidade.

Para esse exercício, o terapeuta primeiramente destaca o comportamento do modo de enfrentamento problemático do cliente e suas consequências, usando um tom caloroso e não crítico. Embora cada declaração do cliente denote o modo de enfrentamento desadaptativo que o cliente está expressando (p. ex., modo protetor evitativo; veja também o Apêndice C para obter uma lista dos modos de enfrentamento), o terapeuta não precisa identificar o modo de enfrentamento específico presente em sua resposta. O terapeuta, então, comunica empaticamente que esse padrão comportamental é uma resposta de sobrevivência remanescente da infância. Por fim, o terapeuta sugere um comportamento alternativo específico com mais probabilidade de ajudar o cliente a atender às suas necessidades. Em geral, essas intervenções transmitem que os clientes não são culpados por terem desenvolvido padrões problemáticos, que são dignos de suas necessidades e são capazes de encontrar maneiras novas e mais adaptativas de atendê-las.

> **CRITÉRIOS DA HABILIDADE PARA O EXERCÍCIO 11**
>
> 1. Apontar de forma calorosa e não crítica como um comportamento do modo de enfrentamento é problemático porque não atende à necessidade do cliente.
> 2. Comunicar a compreensão de que se trata de uma resposta de sobrevivência remanescente da infância, quando uma necessidade básica não foi atendida.
> 3. Sugerir que é necessário um comportamento alternativo para que a necessidade do cliente seja atendida.

EXEMPLOS DE REPARENTALIZAÇÃO LIMITADA PARA OS MODOS DE ENFRENTAMENTO DESADAPTATIVO: CONFRONTAÇÃO EMPÁTICA

Exemplo 1

CLIENTE: [*Irritado, modo protetor evitativo*] Eu simplesmente não sinto as coisas. Sou mais racional e menos emocional. Também não vejo valor em trazer à tona emoções. Minha esposa sempre está se queixando de que eu nunca lhe digo como me sinto. Isso é doloroso e, de qualquer forma, não leva a nada. Se eu tivesse reagido a todas as emoções que senti enquanto crescia na minha família louca e disfuncional, não teria sobrevivido. Como meu pai gostava de dizer, "Entra por um ouvido e sai pelo outro".

TERAPEUTA: Compreendo que quando "a muralha" é erguida, ela bloqueia todas as emoções, mas também interfere no atendimento das suas necessidades. Essa é uma parte da razão pela qual você está tendo dificuldades nas suas relações pessoais (Critério 1). A culpa não é sua, isso foi o que você aprendeu. Você desenvolveu esse modo para se proteger em um ambiente muito caótico e exigente na infância. As emoções não eram toleradas quando você era criança, e lhe faziam sentir fraco e envergonhado quando as expressava (Critério 2). Podemos desaprender essas mensagens emocionais tendenciosas para que você possa ter as conexões profundas e significativas de que precisa – e sempre precisou (Critério 3).

Exemplo 2

CLIENTE: [*Envergonhada, modo capitulação complacente para autossacrifício*] Sei que liguei para você duas vezes na semana passada, e peço desculpas. Eu devia ter sido capaz de resolver a situação sozinha. Sei que você tem uma vida ocupada e que tem direito a uma pausa dos seus clientes. Enquanto crescia, aprendi o quanto eu conseguia fazer coisas sozinha em casa. Havia coisas mais importantes acontecendo do que a pequena eu, com a minha mãe bebendo e o meu pai sempre zangado. Agora estou indo bem. Trouxe umas flores para lhe agradecer. Na verdade, não tenho muito sobre o que falar hoje. Como foi a sua semana?

TERAPEUTA: É muito atencioso da sua parte. Agradeço a sua gentileza. No entanto, acho que isso reflete o seu modo de enfrentamento, que faz com que esteja sempre preocupada com as necessidades da outra pessoa e nunca com as suas. Isso a mantém sem voz e frustrada nas suas relações adultas, já que as suas necessidades nunca são atendidas (Critério 1). Suspeito que você tenha aprendido a lidar com a situação dessa maneira há muito tempo, cedendo às exigências e sacrificando as suas necessidades e opiniões, especialmente quando a sua casa era assustadora, com a sua mãe bebendo e seu pai tendo uma atitude violenta (Critério 2). Fico contente por você ter me ligado durante aquela crise e por ter podido ajudá-la. Você não é um fardo para mim e não precisa sacrificar as suas necessidades comigo. Eu estou aqui por você e esse é o seu espaço (Critério 3).

Exemplo 3

CLIENTE: [*Irritado, modo de autoengrandecimento*] Não vejo por que eu não deveria ter uma sessão completa. Havia muito trânsito e tive uma reunião importante que me fez chegar atrasado à sessão. Isso é ridículo. Você não entende o quanto o meu trabalho é importante. Meu pai me ensinou que são as pessoas de grande sucesso que contam. Eles têm regras diferentes e privilégios especiais. Eu sou o presidente da minha empresa. Mas não esperaria que você entendesse isso, já que é apenas um terapeuta.

TERAPEUTA: Não posso lhe dar o tempo extra porque não seria justo com meus outros clientes, nem comigo. A sua expetativa de que deveria ter regras especiais faz parte da razão pela qual está tendo problemas nas suas relações com os colegas de trabalho – e também no seu casamento (Critério 1). Compreendo que o seu pai lhe ensinou que você pode fazer e ter tudo o que quiser, sem consequências, como se tivesse direito a privilégios e regras especiais (Critério 2). A culpa não é sua, mas seguramente é algo que você precisa mudar se quiser que o seu casamento e outras relações funcionem. As relações têm a ver com dar e receber, com limites e consequências (Critério 3).

INSTRUÇÕES PARA O EXERCÍCIO 11

Passo 1: *role-play* e *feedback*

- O cliente faz a primeira declaração do cliente no nível de dificuldade iniciante. O terapeuta improvisa uma resposta com base nos critérios da habilidade.
- O instrutor (ou, se não estiver disponível, o cliente) fornece um breve *feedback* com base nos critérios da habilidade.
- O cliente, então, repete a mesma declaração, e o terapeuta mais uma vez improvisa uma resposta. O instrutor (ou o cliente) mais uma vez fornece um breve *feedback*.

Passo 2: repetir

- Repita o passo 1 para todas as declarações no nível de dificuldade atual (iniciante, intermediário ou avançado).

Passo 3: avaliar e ajustar a dificuldade

- O terapeuta preenche o Formulário de reação à prática deliberada (veja o Apêndice A) e decide se deve tornar o exercício mais fácil ou mais difícil ou se deve repetir o mesmo nível de dificuldade.

Passo 4: repetir por aproximadamente 15 minutos

- Repita os passos 1 a 3 por pelo menos 15 minutos.
- Os aprendizes trocam os papéis de terapeuta e cliente e começam de novo.

> **Agora é a sua vez!** Siga os passos 1 e 2 das instruções.

Lembre-se: o objetivo do *role-play* é que os aprendizes pratiquem a improvisação de respostas às declarações de cliente de uma forma que (a) utilize os critérios da habilidade e (b) pareça autêntica para o aprendiz. **Exemplos de respostas do terapeuta para cada declaração do cliente são fornecidos no final desse exercício. Os aprendizes devem tentar improvisar as próprias respostas antes de lerem os exemplos.**

DECLARAÇÕES DO CLIENTE NO NÍVEL INICIANTE PARA O EXERCÍCIO 11
Declaração do cliente no nível iniciante – 1
[Triste, modo protetor evitativo] Fiquei muito triste e chorei quando meu amigo ligou de última hora e cancelou os nossos planos. **[Tom otimista]** Não sei por que estou reagindo tanto; afinal, isso não é nada de especial.
Declaração do cliente no nível iniciante – 2
[Zangado, modo protetor zangado] Fui ludibriado por não ter tido a oportunidade de conhecer realmente o meu pai. Mas, na verdade, não perdi nada – ele era um idiota.
Declaração do cliente no nível iniciante – 3
[Triste, modo protetor desligado] Nunca me senti amado quando criança ou que fosse importante para alguém. **[Desorientado]** Foi sobre isso que você me perguntou? Me deu um branco.
Declaração do cliente no nível iniciante – 4
[Triste, modo de autoengrandecimento] Mais uma vez, ninguém me convidou para almoçar hoje. Meus colegas de trabalho fazem seus planos para o almoço e me ignoram como se eu fosse invisível. E sabe o que mais? Quem precisa deles! De qualquer modo, são todos chatos e pouco interessantes. Eles têm inveja de mim.
Declaração do cliente no nível iniciante – 5
[Zangado, modo protetor desligado] Nesse momento, me sinto zangado quando penso na pouca segurança que eu tinha quando criança. Era criminosa a forma como eu era tratado. Acho que estou sendo sensível demais. O que não me mata, me fortalece.

✋ **Avalie e ajuste a dificuldade antes de passar para o próximo nível de dificuldade (veja o passo 3 nas instruções do exercício).**

DECLARAÇÕES DO CLIENTE NO NÍVEL INTERMEDIÁRIO PARA O EXERCÍCIO 11

Declaração do cliente no nível intermediário – 1

[Ansioso, capitulador complacente para o modo de autossacrifício] Devia ter cancelado a minha sessão de hoje, pois precisava de tempo para terminar a preparação da apresentação para a minha chefe amanhã. É uma apresentação importante para ela e, mesmo ficando acordado a noite toda e pulando refeições, não tive tempo suficiente para fazer o trabalho que ela precisa de mim. Quando era criança, a minha mãe estava muito doente e todos nós tínhamos que nos concentrar em cuidar dela. Muitas vezes dormíamos pouco ou mesmo fazíamos poucas refeições, mas era uma situação de vida ou morte. Quem sabe eu possa sair mais cedo hoje, depois de 20 minutos, para poder voltar ao trabalho?

Declaração do cliente no nível intermediário – 2

[Sem emoção, capitulador complacente para o modo de abandono] Todos me abandonam. Você não vai ser uma exceção. Não se pode contar com ninguém. Sempre foi assim. Meu pai morreu antes de eu nascer, e a minha mãe cometeu suicídio quando eu tinha 6 meses. Por que eu pensaria que mais alguma coisa seria possível para mim? Por isso nunca me casei e uso as relações para sexo casual – sem compromisso.

Declaração do cliente no nível intermediário – 3

[Ansioso, capitulador complacente para o modo de subjugação] Fico tão assustado quando discordo da minha esposa, mesmo sobre coisas pequenas. Sinto-me como me sentia com o meu pai quando era criança. Se eu dissesse alguma coisa que ele não gostasse, ele começava a gritar e, às vezes, até me batia. Com ele, não valia a pena correr esse risco, e agora sinto o mesmo. O problema é que nunca fazemos as coisas do meu jeito, a não ser que ela sugira.

Declaração do cliente no nível intermediário – 4

[Triste, capitulador complacente para o modo de autossacrifício] A morte da minha avó foi uma das perdas mais difíceis que já experienciei. Ela era a única pessoa que realmente me amava por quem eu era, enquanto todos os outros estavam ocupados colocando uma enorme culpa em mim cada vez eu demonstrava qualquer emoção. Mas há coisas mais importantes no que focar agora. Eu devia estar pensando em como ajudar o meu irmão mais novo a se preparar para sua próxima entrevista de emprego. Acho que vai haver muitos candidatos para essa vaga e a competição vai ser difícil para ele.

Declaração do cliente no nível intermediário – 5

[Ansioso, capitulador complacente para o modo de autossacrifício] Estou preocupado de não ter tempo suficiente hoje para abordar todos os conflitos que estou enfrentando esta semana. E sei que eu não devia estar lhe pedindo um tempo extra. Quero dizer, eu sei que você se preocupa e que me dá muito, e não quero que pense que não reconheço isso. Realmente, eu reconheço. E mesmo enquanto digo isso, posso ouvir a minha mãe me dizendo para deixar de ser tão egoísta. Sinto muito. Só posso imaginar que ofendi você ao parecer tão ingrato e tão carente.

> ✋ **Avalie e ajuste a dificuldade antes de passar para o próximo nível de dificuldade (veja o passo 3 nas instruções do exercício).**

DECLARAÇÕES DO CLIENTE NO NÍVEL AVANÇADO PARA O EXERCÍCIO 11

Declaração do cliente no nível avançado – 1

[Zangado, modo de autoengrandecimento] Não vejo por que eu não deveria ter uma sessão completa. Havia muito trânsito e tive uma reunião importante que me fez chegar atrasado à sessão. Isso é ridículo. Você não entende o quanto o meu trabalho é importante. Eu sou o presidente da minha empresa. Mas não esperaria que você entendesse isso, já que é apenas um terapeuta. Provavelmente, você nunca aprendeu que quando trabalha arduamente e é extremamente bem-sucedido, você tem direito a privilégios especiais.

Declaração do cliente no nível avançado – 2

[Frustrado, modo protetor zangado] Bem, é assim que sempre foi para mim. Ao meu irmão e minha irmã era permitido que fossem crianças de verdade, cometer erros, brincar, ter medo das coisas. Eu não. Fui "escolhido" para ser o durão, o corajoso, o perfeito. Isso é ridículo. Por que você está fazendo essas perguntas estúpidas? Tudo isso está no passado e você não pode mudar. Você é como a minha parceira, sempre procurando os "sentimentos". Sentimentos são uma perda de tempo. Eles não pagam as contas.

Declaração do cliente no nível avançado – 3

[Frustrado, modo provocador/ataque] Sim, continuo tendo problemas para dormir e estou com dificuldade para me dar bem no trabalho. Estou triste por ter perdido o meu casamento, mas não sei por que tenho que falar sobre como me senti quando a minha ex me deixou. Isso foi há muito tempo, e não vejo o que isso tem a ver com qualquer coisa agora. Você está começando a parecer um psicólogo de televisão de segunda categoria. Posso ouvir o que meu pai diria se soubesse que estou falando com você: ele estaria rindo de mim, dizendo que nada de bom vem da autopiedade; os terapeutas só querem fazer você chorar para que possam se sentir bem-sucedidos.

Declaração do cliente no nível avançado – 4

[Animado, modo autoengrandecedor] Sim, podemos falar sobre meus problemas de relacionamento mais tarde. Presumo que você esteja se perguntando sobre o meu fim de semana. Bem, não só comprei o terno mais fabuloso e caro para o evento, como também fiquei sentado ao lado do professor mais famoso. Sei que isso foi intencional porque o presidente do evento sabe do meu sucesso na universidade e de todas as minhas doações generosas para o departamento. Não me quero gabar, mas achei que você acharia isso interessante. Sei que a minha mãe acharia isso muito divertido se estivesse viva. Isso era tudo o que importava para ela quando se tratava dos seus filhos: fazê-la parecer bem, não importa o que aconteça!

(Continua)

DECLARAÇÕES DO CLIENTE NO NÍVEL AVANÇADO PARA O EXERCÍCIO 11 *(Continuação)*
Declaração do cliente no nível avançado – 5
[Desconfiado e zangado, modo provocador/ataque] Então, você diz que se preocupa comigo e com a minha família. Mas, sejamos realistas, isso é uma transação comercial. Eu lhe pago e você me diz coisas gentis. É apenas isso. Aprendi há muito tempo que quando as pessoas dizem coisas gentis, elas querem alguma coisa de você. A minha mãe podia ser muito doce quando queria que eu a fizesse parecer bem diante das suas amigas. Eu era o troféu para ela. Não confio em ninguém a não ser em mim. Não me interprete mal, mas eu sou mais inteligente do que a maioria das pessoas. Também estudei psicologia.

✋ Avalie e ajuste a dificuldade aqui (veja o passo 3 nas instruções do exercício). Se apropriado, siga as instruções para tornar o exercício ainda mais desafiador (veja o Apêndice A).

EXEMPLOS DE RESPOSTAS DO TERAPEUTA: REPARENTALIZAÇÃO LIMITADA PARA OS MODOS DE ENFRENTAMENTO DESADAPTATIVO: CONFRONTAÇÃO EMPÁTICA

Lembre-se: os aprendizes devem tentar improvisar suas próprias respostas antes de lerem os exemplos. **Não leia textualmente as respostas a seguir, a não ser que esteja com dificuldade para elaborar suas próprias respostas!**

EXEMPLOS DE RESPOSTAS A DECLARAÇÕES DO CLIENTE NO NÍVEL INICIANTE PARA O EXERCÍCIO 11

Exemplo de resposta à declaração do cliente no nível iniciante – 1

Quando você sente alguma coisa dolorosa, como tristeza, e então rapidamente questiona seus sentimentos e os minimiza, está eliminando informações importantes sobre suas necessidades (Critério 1). Sei que esta é uma resposta de enfrentamento da infância, quando seus sentimentos foram criticados ou minimizados (Critério 2). Mas você precisa levar sua tristeza a sério e explorar o que ela lhe comunica sobre suas necessidades (Critério 3).

Exemplo de resposta à declaração do cliente no nível iniciante – 2

Sua raiva é legítima e lhe dá informações importantes sobre uma necessidade básica que não foi atendida na sua infância. Quando a ignora hoje, você pode estar negando a sua necessidade de conexão (Critério 1). Quando era criança, você não podia fazer nada para mudar a disponibilidade do seu pai, então teve de reprimir a sua raiva (Critério 2). Hoje em dia, precisa estar consciente dos seus sentimentos nos relacionamentos para saber se essa pessoa está disponível e se a sua necessidade de uma conexão saudável pode ser atendida com ela (Critério 3).

Exemplo de resposta à declaração do cliente no nível iniciante – 3

Acho que você se desligou agora porque sentir que não é amado e não tem importância é muito doloroso, mas então lhe resta apenas o vazio e entorpecimento (Critério 1). Sua sobrevivência quando criança em um ambiente sem amor ou cuidado dependia de não sentir essa dor esmagadora (Critério 2). Hoje em dia, há ações que você pode tomar para receber o amor e atenção que merece, se conseguir se manter presente e não se entorpecer emocionalmente ou desaparecer (Critério 3).

Exemplo de resposta à declaração do cliente no nível iniciante – 4

Você começou a sentir a segurança da nossa ligação, e então sentiu a ansiedade de correr esse risco e cortou a conexão (Critério 1). Quando era criança, você não tinha um adulto confiável e apoiador com quem contar, por isso é compreensível que tenha medo e evite depender de alguém (Critério 2). No entanto, você precisa de conexão agora e também precisava naquela época. Nossa relação pode ser um lugar seguro para correr o risco de confiar em uma conexão (Critério 3).

(Continua)

EXEMPLOS DE RESPOSTAS A DECLARAÇÕES DO CLIENTE NO NÍVEL INICIANTE PARA O EXERCÍCIO 11 *(Continuação)*
Exemplo de resposta à declaração do cliente no nível iniciante – 5
É claro que você se sente zangado! Toda criança precisa e merece segurança. Agarre-se à sua raiva para que a sua parte de "bom pai" nunca comprometa a segurança de que o "pequeno você" precisa (Critério 1). A sua falta de segurança quando criança poderia tê-lo matado se você não tivesse encontrado formas de se desligar dela (Critério 2). Hoje em dia, você precisa estar consciente dessa raiva quando se encontra em situações inseguras, para não correr riscos e colocar-se em perigo (Critério 3).

EXEMPLOS DE RESPOSTAS A DECLARAÇÕES DO CLIENTE NO NÍVEL INTERMEDIÁRIO PARA O EXERCÍCIO 11

Exemplo de resposta à declaração do cliente no nível intermediário – 1

Uau, sua devoção às necessidades da sua chefe parece não ter limites. E quanto a você? Você precisa dessas sessões de terapia, e certamente precisa dormir e se alimentar (Critério 1). Você cresceu em um ambiente em que as necessidades da sua mãe eram enormes e sempre vinham em primeiro lugar na família. Sobrava muito pouco para você, e você aprendeu a negar as suas necessidades e apenas sobreviver (Critério 2). No entanto, as suas necessidades são tão importantes hoje quanto eram na sua infância, e hoje elas não devem ser sempre postas de lado por outra pessoa (Critério 3).

Exemplo de resposta à declaração do cliente no nível intermediário – 2

Fico tão triste ao pensar na "pequena você", não tendo ninguém e aceitando que ninguém nunca vai ficar por perto – nem mesmo o seu terapeuta – e que sempre estará sozinha (Critério 1). Não é de admirar que você tenha essa mensagem, considerando-se a sua história trágica (Critério 2), mas quando você age como se a sua crença de que nunca ninguém vai permanecer fosse verdade, isso a impede de correr os riscos emocionais envolvidos na conexão, que são necessários para desenvolver as relações importantes que você deseja e de que todos nós precisamos (Critério 3).

Exemplo de resposta à declaração do cliente no nível intermediário – 3

Então, a sua necessidade de ser autônomo ou de fazer parte da tomada de decisão na sua família nunca é atendida e a sua esposa pode nem sequer ter conhecimento disso (Critério 1). É compreensível que a sua experiência na infância de medo e até de punição por ter os seus próprios desejos ou necessidades o tenha levado a manter-se calado (Critério 2). No entanto, hoje em dia, como adulto, você tem o direito de ser ouvido sobre o que quer e precisa e de ter participação igual na tomada de decisões. Isso só acontecerá se você conseguir superar as antigas mensagens e aproveitar a chance em relações que lhe pareçam mais seguras (Critério 3).

Exemplo de resposta à declaração do cliente no nível intermediário – 4

Notei que, assim que você começa a sentir sua tristeza ao refletir sobre a perda dolorosa da sua avó – a única pessoa que o amou incondicionalmente – você muda para aquela parte sua que o faz sentir-se culpado quando foca em si mesmo e nas suas necessidades (Critério 1). É claro, você sente a necessidade de focar no seu irmão, considerando-se toda a culpa que lhe foi atribuída. Apenas sua avó lhe permitia expressar seus sentimentos (Critério 2). Mas cada vez que você se afasta dos seus sentimentos, essa sua parte vulnerável volta a ser negligenciada, é obrigada a sentir-se culpada e as suas necessidades não são atendidas. E nesse espaço comigo, seus sentimentos e necessidades são importantes. Eu gostaria de saber mais sobre a sua tristeza. Você tem o direito de sentir a sua dor (Critério 3).

(Continua)

EXEMPLOS DE RESPOSTAS A DECLARAÇÕES DO CLIENTE NO NÍVEL INTERMEDIÁRIO PARA O EXERCÍCIO 11 *(Continuação)*
Exemplo de resposta à declaração do cliente no nível intermediário – 5
Há uma parte de você que está realmente lutando para pedir a minha ajuda e a necessidade de algum tempo extra (Critério 1). Ao mesmo tempo, outra parte começa a se desculpar quando você imagina que me ofendeu (Critério 1). Posso imaginar que ceder à voz da sua mãe pode ajudá-lo a sentir menos culpa e egoísmo, mas também bloqueia a sua oportunidade de pedir o apoio de que precisa e os cuidados que merece (Critério 2). Você sempre precisou e mereceu esses cuidados, e nunca será um fardo para mim. Na verdade, estou muito orgulhoso de você por ter tido a coragem de pedir o tempo extra. Você se defendeu e não me ofendeu (Critério 3).

EXEMPLOS DE RESPOSTAS A DECLARAÇÕES DO CLIENTE NO NÍVEL AVANÇADO PARA O EXERCÍCIO 11

Exemplo de resposta à declaração do cliente no nível avançado – 1

Não posso lhe dar o tempo extra porque não seria justo com outros clientes ou comigo. A sua expectativa de que você deve ter regras especiais faz parte da razão pela qual está tendo problemas nas suas relações com os colegas de trabalho – e também no seu casamento (Critério 1). Entendo que o fato de você ter crescido com um pai que lhe dizia que tudo o que você tem que fazer é ser um realizador extraordinário, e poderá fazer e ter tudo o que quiser, sem consequências nem limites, o fez sentir que tinha direito a privilégios e a regras especiais (Critério 2). Isso não é culpa sua, mas é definitivamente algo que precisa mudar se quiser que seu casamento e outras relações funcionem. As relações têm a ver com dar e receber, com limites e consequências (Critério 3).

Exemplo de resposta à declaração do cliente no nível avançado – 2

Há novamente aquela parte sua que me impede de me sentir mais próximo de você, tornando-se crítico da terapia e da nossa conexão (Critério 1). A culpa não é sua; isso é o que lhe ensinaram. Esperava-se que você deixasse de ser uma criança e que atendesse exigências irrealistas, mas é sua responsabilidade, com a minha ajuda, confrontar essa mensagem e permitir que seus sentimentos sejam sentidos e compartilhados (Critério 2). Essa é uma necessidade não atendida e parte da razão por que sua parceira está magoada e a sua relação está atribulada. Posso ajudá-lo com isso, mas teremos que pedir que essa parte durona fique de lado (Critério 3).

Exemplo de resposta à declaração do cliente no nível avançado – 3

Há aquela parte sua que é rígida. A parte que desliga toda a conexão com uma tristeza razoável e se torna desconfiada e crítica em relação à terapia e às motivações do terapeuta (Critério 1). Está claro que seu pai o fez acreditar que você está perdendo tempo quando se permite experienciar emoções difíceis e que não deve confiar em ninguém que queira conhecê-lo de forma tão profunda e pessoal. Mas é por isso que você ainda tem dificuldade para dormir e para se dar bem com os colegas de trabalho. A tristeza da separação é válida e dolorosa, e precisa de um espaço para ser sentida e sofrida, assim como todos os sentimentos a que você teve que renunciar para ter a aprovação do seu pai (Critério 2). Eu posso ajudá-lo com isso, mas você precisa considerar que a mensagem do seu pai estava errada. Porque ela estava (Critério 3).

Exemplo de resposta à declaração do cliente no nível avançado – 4

Imagino que a sua mãe ficaria satisfeita. Você conseguiu muito, e tenho certeza de que a universidade está grata pelas suas contribuições. Embora tudo isso seja muito impressionante, percebo que a parte de você que precisa desesperadamente de aprovação assume o controle. Espero que você saiba que não tem que me provar nada para ter o meu cuidado e apoio (Critério 1). Isso não é uma crítica. Acho que você sabe o quanto admiro o seu sucesso. Mas não é essa a parte que faz de você uma pessoa adorável e merecedora de cuidados. E me pergunto se a ideia de compartilhar as decepções e as lutas normais no seu relacionamento faz com que entre nesse modo de busca de aprovação comigo (Critério 2). Fico feliz em reconhecer as suas realizações, mas gostaria de prestar alguma atenção ao atendimento das necessidades daquela parte de você que está sofrendo e também precisa expressar as suas dificuldades (Critério 3).

(Continua)

EXEMPLOS DE RESPOSTAS A DECLARAÇÕES DO CLIENTE NO NÍVEL AVANÇADO PARA O EXERCÍCIO 11 *(Continuação)*
Exemplo de resposta à declaração do cliente no nível avançado – 5
Esta sua parte que diz "não preciso de ninguém e sou superior" tende sempre a aparecer quando estou oferecendo cuidados e preocupação (Critério 1). Faz sentido que você não confie facilmente nos cuidados de alguém, considerando suas experiências com uma mãe que o usou como substituto ocasional para sua sensação de ser especial. O carinho dela era condicional e você era obrigado a agir de modo a se adequar às necessidades dela. Quando você recebe bondade e cuidados, tem dificuldade para discernir que este sou eu, e não a sua mãe, e imaginar que eu possa me preocupar com você sem que precise me apresentar algum desempenho. Isso é algo que você sempre precisou desde que era pequeno (Critério 2). E embora você me pague por um serviço, a preocupação é algo que eu sinto, ou não sinto. Portanto, isso é gratuito e genuíno (Critério 3).

Exercício 12

Implementando a quebra de padrões comportamentais por meio de tarefas de casa

PREPARAÇÃO PARA O EXERCÍCIO 12

1. Leia as instruções no Capítulo 2.
2. Faça *download* do Formulário de reação à prática deliberada e do Formulário diário da prática deliberada disponíveis no material complementar do livro em loja.grupoa.com.br (também disponíveis nos Apêndices A e B, respectivamente).

DESCRIÇÃO DA HABILIDADE

Nível de dificuldade da habilidade: avançado

A quebra de padrões comportamentais é um componente integrante da TE. Nesse componente, o cliente utiliza a consciência e a autocompreensão adquiridas nas sessões para afetar as mudanças de comportamento que melhor atendem às suas necessidades de uma forma adulta saudável. Essa é a fase da TE que se concentra no reforçamento do modo adulto saudável. A quebra de padrões comportamentais é facilitada pelo terapeuta que sugere ou atribui "tarefas de casa" apropriadas, baseadas em esquemas ou modos, que o cliente pode experimentar durante a semana, fora da sessão, para consolidar ou avançar o trabalho terapêutico que ocorreu durante a sessão. Na TE, muitas tarefas de autoajuda são possíveis, e elas são adaptadas para se adequar às necessidades específicas do cliente.

Nesse exercício, vamos nos concentrar nas quatro tarefas para quebra de padrões comportamentais mais amplamente utilizadas na TE. Para cada declaração do cliente, o terapeuta sugere uma das seguintes tarefas para o cliente experimentar durante a semana, fora da sessão:

- **tarefa 1:** *flashcards* escritos ou em áudio/vídeo;
- **tarefa 2:** tarefas de escrita (p. ex., confecção de um diário);
- **tarefa 3:** monitoramento de esquemas ou modos;
- **tarefa 4:** exercícios de imagem mental (p. ex., imagem mental de um lugar seguro).

Depois disso, o terapeuta apresenta uma breve justificativa de por que essa tarefa pode ser útil para o cliente, dado o contexto apresentado em suas declarações. A mensagem geral dessas intervenções é que, por meio da prática repetida, os clientes podem fortalecer sua parte adulta saudável e consolidar o trabalho feito na sessão.

CRITÉRIOS DA HABILIDADE PARA O EXERCÍCIO 12

1. Sugerir uma das seguintes tarefas para quebra de padrões comportamentais que o cliente pode experimentar durante a semana:
   - tarefa 1: *flashcards* escritos ou em áudio/vídeo;
   - tarefa 2: tarefas de escrita (p. ex., confecção de um diário);
   - tarefa 3: monitoramento de esquemas ou modos;
   - tarefa 4: exercícios de imagem mental (p. ex., imagem mental de um lugar seguro).
2. Explicar como essa tarefa ajuda a continuar o trabalho realizado durante a sessão.

EXEMPLOS DE IMPLEMENTAÇÃO DA QUEBRA DE PADRÕES COMPORTAMENTAIS POR MEIO DE TAREFAS DE CASA

Exemplo 1

CLIENTE: [*Calma*] Estou contente por hoje termos discutido a exatidão das mensagens que recebo do meu modo crítico. Nesse momento, sinto-me mais forte do que o crítico, mas como posso me manter com essa força?

TERAPEUTA: Podemos fazer um *flashcard* em áudio que lhe faça lembrar que o crítico está errado. Você pode ouvi-lo sempre que escutar a voz do crítico (Critério 1, Tarefa 1). Na sessão de hoje, você sentiu realmente os limites da força do crítico quando o desafiei a desempenhar seu modo adulto saudável. Repetir esse desafio fortalecerá seu modo adulto saudável (Critério 2).

Exemplo 2

CLIENTE: [*Nervoso*] Senti-me ótimo hoje por ter conseguido enfrentar o meu pai no *role-play* que fizemos. Mas não sei se algum dia serei suficientemente forte para fazer isso pessoalmente.

TERAPEUTA: Essa semana, eu gostaria que você escrevesse qualquer coisa que lhe ocorra e que gostaria de dizer ao seu pai. Você não precisa realmente dizer, apenas registrar (Critério 1, Tarefa 2). Você o enfrentou hoje e, com a prática, essa habilidade vai ficar ainda mais forte. Você pode começar apenas encontrando as palavras para expressar o que sente ou o que precisa (Critério 2).

Exemplo 3

CLIENTE: [*Nervoso*] Percebi, devido ao trabalho que fizemos hoje, que quando meu esquema de subjugação está ativado, eu me rendo e concordo com uma decisão tomada por alguém que é importante para mim, mesmo que na verdade não seja o que eu quero ou preciso. O que posso fazer para me certificar de perceber quando o esquema é ativado e fazer uma escolha melhor?

TERAPEUTA: Uma forma de começar a mudar esse comportamento seria monitorar os sinais de que o esquema foi ativado para que você se mantenha consciente da tendência a se subjugar (Critério 1, Tarefa 3). Isso ajudaria a garantir que você pare e considere se está atendendo às suas necessidades, como fez na sessão de hoje (Critério 2).

Exemplo 4

CLIENTE: [*Calmo*] Esta sessão foi muito útil. Agora sei que eu deveria ter tido apoio para expressar meus sentimentos durante meu crescimento. A reescrita de imagens mentais que fizemos permitiu que eu sentisse como teria sido ter esse apoio e como eu pensaria de forma diferente sobre mim e sobre os outros hoje em dia.

TERAPEUTA: Isso é ótimo! É importante que você revisite essa imagem algumas vezes durante esta semana para reforçar a experiência de ser apoiado por expressar como se sente (Critério 1, Tarefa 4). Isso reforçará a experiência de apoio à expressão emocional que você sentiu hoje na rescrita de imagens mentais que fizemos (Critério 2).

INSTRUÇÕES PARA O EXERCÍCIO 12
Passo 1: *role-play* e *feedback*
• O cliente faz a primeira declaração do cliente no nível de dificuldade iniciante. O terapeuta improvisa uma resposta com base nos critérios da habilidade. • O instrutor (ou, se não estiver disponível, o cliente) fornece um breve *feedback* com base nos critérios da habilidade. • O cliente, então, repete a mesma declaração, e o terapeuta mais uma vez improvisa uma resposta. O instrutor (ou o cliente) mais uma vez fornece um breve *feedback*.
Passo 2: repetir
• Repita o passo 1 para todas as declarações no nível de dificuldade atual (iniciante, intermediário ou avançado).
Passo 3: avaliar e ajustar a dificuldade
• O terapeuta preenche o Formulário de reação à prática deliberada (veja o Apêndice A) e decide se deve tornar o exercício mais fácil ou mais difícil ou se deve repetir o mesmo nível de dificuldade.
Passo 4: repetir por aproximadamente 15 minutos
• Repita os passos 1 a 3 por pelo menos 15 minutos. • Os aprendizes trocam os papéis de terapeuta e cliente e começam de novo.

→ **Agora é a sua vez! Siga os passos 1 e 2 das instruções.**

Lembre-se: o objetivo do *role-play* é que os aprendizes pratiquem a improvisação de respostas às declarações de cliente de uma forma que (a) utilize os critérios da habilidade e (b) pareça autêntica para o aprendiz. **Exemplos de respostas do terapeuta para cada declaração do cliente são fornecidos no final desse exercício. Os aprendizes devem tentar improvisar as próprias respostas antes de lerem os exemplos.**

DECLARAÇÕES DO CLIENTE NO NÍVEL INICIANTE PARA O EXERCÍCIO 12
Declaração do cliente no nível iniciante – 1
[Inseguro] Hoje me senti muito bem por ter conseguido enfrentar o meu pai no *role-play* que fizemos. No entanto, não sei se algum dia serei suficientemente forte para fazer isso pessoalmente.
Declaração do cliente no nível iniciante – 2
[Feliz] Gostei muito das coisas que você disse ao "pequeno eu" no trabalho de imagem mental que fizemos hoje. Posso ver que me ajudaria muito se eu ouvisse essas coisas nos momentos em que me sinto assustado.
Declaração do cliente no nível iniciante – 3
[Preocupado] De acordo com os resultados do Questionário de Esquemas de Young que analisamos hoje, sei que tenho um esquema de defectividade/vergonha pela forma como fui tratado na minha infância, mas quando ele é ativado, só o que tenho consciência é da vergonha.
Declaração do cliente no nível iniciante – 4
[Feliz] Estou contente que hoje discutimos sobre a exatidão das mensagens que recebo do meu modo crítico. Nesse momento, sinto-me mais forte do que o crítico, mas como me posso apegar a essa força?
Declaração do cliente no nível iniciante – 5
[Inseguro] Espero conseguir encontrar a coragem de enfrentar o meu patrão, assim como praticamos hoje. Como você sabe, tenho tendência a evitar confrontos. Na minha casa, nunca nos foi permitido expressar as nossas decepções ou frustrações. Era muito perigoso.

Avalie e ajuste a dificuldade antes de passar para o próximo nível de dificuldade (veja o passo 3 nas instruções do exercício).

DECLARAÇÕES DO CLIENTE NO NÍVEL INTERMEDIÁRIO PARA O EXERCÍCIO 12
Declaração do cliente no nível intermediário – 1
[Esperançoso] Aqui com você, hoje, sinto que posso ser amado e que não sou incômodo que a minha mãe dizia que eu era. Este é um sentimento muito bom. Como eu me apego a ele?
Declaração do cliente no nível intermediário – 2
[Curioso] Hoje me senti aliviado quando você disse que não preciso representar ou ser perfeito para receber a sua atenção. No entanto, essa foi a única forma de a minha mãe reparar em mim, por isso me transformo automaticamente em uma artista com as pessoas que são importantes para mim hoje em dia. O lado negativo é que me sinto uma farsa e que ninguém realmente me conhece. Você também disse que é normal querer alguma atenção. Como vou me lembrar dessas coisas quando não estiver em terapia?
Declaração do cliente no nível intermediário – 3
[Preocupado] Hoje, quando meu modo criança maltratada foi ativado, senti medo de você e demorei algum tempo para ouvi-lo dizer: "Olhe para mim, eu nunca lhe faria mal como a sua mãe fez". Depois que o ouvi, consegui me conectar com meu modo adulto saudável. Em casa, quando estou com minha mulher e o modo criança é ativado, ela diz: "Cresça, eu não sou a sua mãe, você é um homem de 1,80 m de altura e fisicamente forte". O que eu posso fazer então?
Declaração do cliente no nível intermediário – 4
[Preocupada] É muito difícil me apegar a essa mensagem importante que você está me transmitindo. Sinto-me tão bem quando você me faz lembrar que tenho direito às minhas próprias escolhas, opiniões e ideias. Mas quando estou lá fora, na minha relação com o meu parceiro, me sinto facilmente ativada, me subjugo e sacrifico as minhas necessidades.
Declaração do cliente no nível intermediário – 5
[Feliz] Sei que estou me sentindo melhor comigo mesma porque finalmente posso considerar a possibilidade de sair dessa relação pouco saudável. Talvez seja por causa de todos os diálogos entre os modos que temos feito, fazendo-me afirmar os meus direitos a partir da minha parte defensora saudável e enfrentando os meus pais narcisistas críticos e rejeitadores a partir do meu modo criança zangada e do meu modo defensor saudável. Agora sinto que tenho opções. Não vou ficar nessa relação por medo e desespero.

✋ **Avalie e ajuste a dificuldade antes de passar para o próximo nível de dificuldade (veja o passo 3 nas instruções do exercício).**

DECLARAÇÕES DO CLIENTE NO NÍVEL AVANÇADO PARA O EXERCÍCIO 12

Declaração do cliente no nível avançado – 1

[Feliz] Sim, eu sei que tenho esse esquema terrível de defectividade/vergonha e um modo crítico exigente e duro. Rapidamente entro em um modo provocador/de ataque e fico zangado da mesma forma que o meu pai sempre fez. Eu só quero gritar com a minha esposa por não reconhecer o esforço que estou fazendo e porque lamento a mágoa que causei. Parece que não consigo perceber essa situação suficientemente cedo para evitá-la. Mas a sua sugestão de que posso usar o fato de notar a tensão no meu pescoço como um sinal inicial de alerta é realmente útil.

Declaração do cliente no nível avançado – 2

[Determinada] Eu adoraria poder ter essa relação com os meus sobrinhos, que gostam de mim. Mas pensar em ser gentil com eles me faz sentir como se eu estivesse cedendo à minha irmã controladora. É como se ela vencesse outra vez. Adoro a imagem mental que fizemos, em que pude me imaginar passando um tempo com eles e sendo a sua tia amorosa, sem prestar atenção às reações da minha irmã. Mas continuo antecipando o seu sorriso cínico, como se ela estivesse de novo no comando da minha vida e eu fosse a fracassada patética. Não posso voltar a ser maltratada por ela.

Declaração do cliente no nível avançado – 3

[Otimista] Sim, continuo tendo problemas para dormir e estou com dificuldade para me dar bem no trabalho. Estou triste por ter perdido o meu casamento, mas não sei por que tenho que falar sobre como me senti quando a minha ex me deixou. Foi há muito tempo, e não vejo o que isso tem a ver com qualquer coisa agora. Você está começando a parecer um psicólogo de televisão de segunda categoria. Posso ouvir o que meu pai diria se soubesse que estou falando com você: ele estaria rindo de mim, dizendo que nada de bom vem da autopiedade; os terapeutas só querem fazer você chorar para que possam se sentir bem-sucedidos.

Declaração do cliente no nível avançado – 4

[Esperançoso] A confecção de um diário das minhas interações com os outros ajudou muito. Estou começando a reconhecer mais facilmente o meu modo protetor desligado. Na verdade, notei que quando a minha parceira me perguntou como eu me sentia em relação a alguma coisa que ela disse na semana passada, dei uma resposta muito intelectual – sem sentimentos. Pude perceber a sua decepção e consegui me corrigir. E adivinhe só? Me senti bem ao expressar meus sentimentos. Gostaria de conseguir identificar os momentos em que isso acontece em outras situações e com outras pessoas.

(Continua)

DECLARAÇÕES DO CLIENTE NO NÍVEL AVANÇADO PARA O EXERCÍCIO 12 *(Continuação)*

Declaração do cliente no nível avançado – 5

[Curioso] Realmente foi confortante fazer o exercício de imagem mental em que eu estava no meu lugar seguro, um pouco antes de ir para aquele grande evento social. Senti que podia deixar a minha parte vulnerável bem escondida enquanto a parte adulta de mim entrava no local cheio de colegas de trabalho. Ainda era assustador, mas senti que era capaz de fazer aquilo. Toda a minha vida tem sido evitar que a minha mãe crítica me lembre que é melhor não fazer papel de bobo diante dos outros. Será que essa voz algum dia vai desaparecer?

Avalie e ajuste a dificuldade aqui (veja o passo 3 nas instruções do exercício). Se apropriado, siga as instruções para tornar o exercício ainda mais desafiador (veja o Apêndice A).

EXEMPLOS DE RESPOSTAS DO TERAPEUTA: IMPLEMENTANDO A QUEBRA DE PADRÕES COMPORTAMENTAIS POR MEIO DE TAREFAS DE CASA

Lembre-se: os aprendizes devem tentar improvisar suas próprias respostas antes de lerem os exemplos. **Não leia textualmente as respostas a seguir, a não ser que esteja com dificuldade para elaborar suas próprias respostas!**

EXEMPLOS DE RESPOSTAS A DECLARAÇÕES DO CLIENTE NO NÍVEL INICIANTE PARA O EXERCÍCIO 12
Exemplo de resposta à declaração do cliente no nível iniciante – 1
Esta semana, eu gostaria que você escrevesse qualquer coisa que lhe ocorra e que gostaria de dizer ao seu pai. Você não precisa realmente dizer, apenas registar (Critério 1, Tarefa 2). Você o enfrentou hoje e, com a prática, essa habilidade vai ficar ainda mais forte. Você pode começar apenas encontrando as palavras para expressar o que sente ou o que precisa (Critério 2).
Exemplo de resposta à declaração do cliente no nível iniciante – 2
Claro que sim, porque o "pequeno você", como toda criança, precisa de validação. Felizmente, hoje gravei a minha conversa com o "pequeno você". Vou lhe mandar o arquivo para que possa reproduzi-lo no seu telefone sempre que precisar (Critério 1, Tarefa 1). Esta semana, você pode reproduzi-lo sempre que quiser, para que o "pequeno você" possa ouvir novamente essas mensagens do "bom pai". Isso reforçará o que fizemos na nossa sessão de hoje e trará as novas mensagens para a sua vida (Critério 2).
Exemplo de resposta à declaração do cliente no nível iniciante – 3
Essas palavras provêm do seu modo crítico que está sendo ativado e o leva de volta às suas experiências na infância de ser insultado. Precisamos encontrar uma forma de combater esse modo crítico com seu modo adulto saudável. Sugiro que escrevamos um *flashcard* dos esquemas (Critério 1, Tarefa 1). Sempre que tiver consciência de estar sentindo vergonha, você pode ler o *flashcard* e lembrar do que discutimos hoje. Isso ajudará a reforçar seu modo adulto saudável (Critério 2).
Exemplo de resposta à declaração do cliente no nível iniciante – 4
Podemos criar um *flashcard* em áudio que o faça lembrar que o crítico está errado, e você pode escutá-lo sempre que ouvir o crítico (Critério 1, Tarefa 1). Na sessão de hoje, você realmente sentiu os limites da força do crítico quando o desafiei a fazer o papel do seu modo adulto saudável. Repetir esse desafio fortalecerá o seu modo adulto saudável (Critério 2).
Exemplo de resposta à declaração do cliente no nível iniciante – 5
Posso fazer um *flashcard* para você, que o faça lembrar das palavras a serem utilizadas. Você pode lê-lo antes de se encontrar com o seu chefe (Critério 1, Tarefa 1). O fato de ter as palavras à sua frente pode dar apoio ao seu modo adulto saudável (Critério 2).

EXEMPLOS DE RESPOSTAS A DECLARAÇÕES DO CLIENTE NO NÍVEL INTERMEDIÁRIO PARA O EXERCÍCIO 12

Exemplo de resposta à declaração do cliente no nível intermediário – 1

Você pode retroceder na imagem mental a como se sentiu hoje ao ouvir as minhas declarações de validação. Você pode construir uma imagem em que está aqui no meu consultório, como é seu aspecto, os cheiros e o visual e imaginar que está ouvindo a minha voz (Critério 1, Tarefa 4). Revisitar a imagem dessa experiência e ouvir as minhas palavras – que eu o vejo como adorável e interessante, assim como você é – é mais uma forma de reduzir o poder do esquema envolvido (Critério 2).

Exemplo de resposta à declaração do cliente no nível intermediário – 2

Uma opção seria escrevermos *flashcards* com essas mensagens: "Você merece atenção e interesse simplesmente por ser quem você é" e "Tudo bem querer e até mesmo pedir atenção". Você poderia colocá-los no espelho do seu banheiro para vê-los com frequência (Critério 1, Tarefa 1). Isso vai ajudá-lo a lembrar do alívio e da paz que você sentiu na sessão de hoje e a combater as mensagens negativas (Critério 2).

Exemplo de resposta à declaração do cliente no nível intermediário – 3

Podemos fazer um *flashcard* em áudio com as mensagens que você precisa ouvir para ter acesso ao seu modo adulto saudável. Você pode reproduzi-lo antes de ter discussões sérias com a sua esposa (Critério 1, Tarefa 1). Praticar a conexão com seu modo adulto saudável, como você fez na sessão de hoje, fortalecerá essa parte sua e torará mais fácil para você proteger o "pequeno eu" (Critério 2).

Exemplo de resposta à declaração do cliente no nível intermediário – 4

Vou fazer um *flashcard* gravado em áudio para você ouvir, repetindo o que trabalhamos hoje (Critério 1, Tarefa 1). Você pode ouvir a minha voz, fora das nossas sessões, guiando-o através do processo de identificação do gatilho e protegendo a sua criança vulnerável, abrindo caminho para que você possa defender as suas escolhas, sentimentos e opiniões a partir do seu modo adulto saudável, assim como eu fiz na sessão de hoje (Critério 2).

Exemplo de resposta à declaração do cliente no nível intermediário – 5

Também posso ver isso, e estou muito orgulhoso de você! Vamos continuar a monitorar estes modos esta semana, já que você terá que enfrentar algumas decisões difíceis na sessão de mediação com a sua parceira. Preste muita atenção para que possa intervir quando vir algum dos sinais de que está entrando no seu modo de autodúvida, subjugação e rendição, e afaste-se por um momento para recuperar o fôlego e passar para o seu modo adulto saudável (Critério 1, Tarefa 3). Você não teve escolha quando era criança e filho de pais narcisistas. Você foi tristemente mantido cativo pelas suas exigências e negligência emocional. Na sessão de hoje, você se deu conta de que agora pode fazer as suas próprias escolhas e atender às suas necessidades baseando-se em si (Critério 2).

EXEMPLOS DE RESPOSTAS A DECLARAÇÕES DO CLIENTE NO NÍVEL AVANÇADO PARA O EXERCÍCIO 12

Exemplo de resposta à declaração do cliente no nível avançado – 1

É importante que você continue a ir mais devagar e notar onde está experienciando essa sensação no seu corpo. Esta semana, eu gostaria que você monitorasse seus modos todos os dias. Faça uma varredura em seu corpo e note os momentos em que tem essa sensação (Critério 1, Tarefa 3). Isso servirá de alerta para que tire alguns minutos para estar com o seu pequeno menino magoado e envergonhado, como aconteceu na sessão de hoje. Ele precisa de algum conforto e empatia nesses momentos para evitar a mudança para o seu modo de "luta" (Critério 2).

Exemplo de resposta à declaração do cliente no nível avançado – 2

Vou gravar em áudio o exercício de imagem mental para que você ouça durante a semana. Quero que você continue a se concentrar na força e no poder que sente quando está com seus sobrinhos como um adulto saudável (Critério 1, Tarefa 4). A "pequena você" era impotente quando se tratava da sua irmã, mas o exercício de imagem mental que fizemos hoje a fez lembrar que agora você é uma mulher adulta que tem poder e recursos. Você não está mais à mercê da sua irmã, e seus sobrinhos também são jovens adultos que adorariam ter uma relação com a sua tia preferida (Critério 2).

Exemplo de resposta à declaração do cliente no nível avançado – 3

Por enquanto, eu gostaria que você tentasse se conectar com a "pequena você" todos os dias, nos seus diários, nas suas imagens e nos seus exercícios de respiração, lembrando-a de que agora está segura, que não é responsável e que tem o direito de estar zangada por ter sido colocada em uma posição tão terrível (Critério 1, Tarefa 2). Isso dará continuidade ao trabalho que fizemos hoje para libertar da carga da pequena menina, em você que recebeu um papel tão injusto e irrealista quando era criança. A sua filha tem dificuldades como muitos adolescentes têm, mas tem uma mãe amorosa e protetora que vai apoiá-la (Critério 2).

Exemplo de resposta à declaração do cliente no nível avançado – 4

Bravo! Que bom para você. Vamos ver se conseguimos identificar, a partir do seu diário, as palavras, frases e experiências que levam a essa consciência do seu modo desligado. E vamos aprofundar essa consciência na continuação do seu registro no diário (Critério 1, Tarefa 2). Há claramente momentos ativadores de esquemas que podem levar a sentimentos de desconforto e distanciamento. Hoje você começou a descobrir essas ligações, e o registro no diário é uma forma de continuar esse trabalho (Critério 2).

Exemplo de resposta à declaração do cliente no nível avançado – 5

Sim, você fez um belo trabalho ao proteger a sua criança vulnerável. Que tal praticar este exercício diariamente? (Critério 1, Tarefa 4) Com o tempo, isso enfraquecerá essa voz da sua mãe crítica internalizada, à medida que o seu adulto saudável proteger a criança vulnerável como você fez hoje e se envolver em mais situações sociais. Por fim, você até poderá ser capaz de trazer a sua criança lúdica para algumas dessas interações. Essa é uma parte adorável em você (Critério 2).

Exercício 13

Transcrição anotada de sessão de prática de terapia do esquema

É chegada a hora de reunir todas as habilidades que você aprendeu! Esse exercício apresenta uma transcrição de uma das sessões de terapia típicas de Wendy Behary. As declarações da terapeuta são anotadas para indicar qual habilidade da TE dos Exercícios 1 a 12 foi usada. Essa transcrição fornece um exemplo de como os terapeutas podem entrelaçar muitas habilidades da TE em resposta aos clientes.

INSTRUÇÕES

Como nos exercícios anteriores, um aprendiz pode fazer o papel de cliente enquanto o outro faz o de terapeuta. Tanto quanto possível, aquele que faz o papel de cliente deve tentar adotar um tom emocional autêntico, como se fosse um cliente real. Na primeira vez, ambos os parceiros podem ler literalmente a transcrição. Depois de uma rodada completa, tente novamente. Dessa vez, o cliente pode ler o roteiro, enquanto o terapeuta pode improvisar até o ponto em que se sinta confortável. Nessa altura, você também poderá querer refletir sobre isso com um supervisor e fazer o *role-play* mais uma vez. Antes de começar, recomenda-se que tanto o terapeuta quanto o cliente leiam a transcrição inteira por conta própria, até o final. O objetivo do exemplo de transcrição é dar aos aprendizes a oportunidade de experimentar como é oferecer respostas da TE em uma sequência que imita as sessões de terapia ao vivo.

TRANSCRIÇÃO ANOTADA DA TERAPIA DO ESQUEMA

TERAPEUTA 1: É um prazer vê-lo hoje. Como tem passado desde a última vez em que nos vimos?

CLIENTE 1: Olá. Bem... Ainda tenho dificuldade para dormir e continuo discutindo com os meus colegas de trabalho, mesmo quando eles estão sendo gentis comigo. Isso está acontecendo desde que me divorciei. Percebi de que, por mais que tente, não consigo deixar que ninguém cuide de mim. Acho que é esse o meu padrão.

TERAPEUTA 2: Isso me parece correto. Esta é uma das coisas principais em que temos trabalhado. É ótimo que você esteja mais consciente desse padrão para que possamos continuar a trabalhar nele (Habilidade 1: compreensão e sintonia).

CLIENTE 2: Sim, isso seria ótimo...

TERAPEUTA 3: E você também estava me dizendo da última vez que teve uma educação muito rígida que ajuda a explicar este padrão...

CLIENTE 3: Ah, sim... É como se eu tivesse vindo ao mundo com a expectativa de ser um adulto. Tive que aprender a enterrar as minhas necessidades para cuidar de mim e do meu irmão mais novo. Desde pequeno, me diziam que eu tinha que ser resistente e competitivo.

TERAPEUTA 4: Exato, você cresceu com essas mensagens para enterrar ou ignorar as suas necessidades.

CLIENTE 4: [*Ansioso*] Honestamente, até falar sobre isso, aqui, me parece estranho. Nunca realmente foquei nas "minhas" coisas, se é que você me entende. Talvez isso pareça estúpido?

TERAPEUTA 5: De modo algum! Posso imaginar que antecipar o compartilhamento da sua dor seja perturbador e talvez até um pouco assustador. Todos os sentimentos são bem-vindos aqui (Habilidade 1: compreensão e sintonia).

CLIENTE 5: [*Relaxa*] OK, obrigado. Mas, sim, se eu quisesse ter algum valor nesse mundo, qualquer necessidade era vista como um sinal de fraqueza. E eu também era fraco se outra pessoa precisasse cuidar de mim. Por isso, sim, era melhor que eu não tivesse nenhuma necessidade.

TERAPEUTA 6: Exato... E, no entanto, toda criança tem necessidades, mesmo que lhe digam para ignorá-las. Sabe, esse padrão que você está descrevendo é o que chamamos de esquema. Ele se desenvolveu, em parte, devido às suas experiências na infância e às suas necessidades iniciais não atendidas. Este esquema leva a fortes crenças e expectativas que o acompanharam até à sua vida adulta atual, como esta crença de que se permitir que alguém cuide de você, isso vai significar que você é fraco (Habilidade 3: educação sobre esquemas: começando a entender os problemas atuais em termos da terapia do esquema).

CLIENTE 6: Um esquema? Lembro de termos falado sobre isso na semana passada...

TERAPEUTA 7: Sim. Pense nisso como um tema ou padrão generalizado na sua vida, geralmente desenvolvido na infância ou na adolescência. Por exemplo, nas nossas sessões, você tem descrito este padrão recorrente de ignorar suas próprias necessidades e não deixar que os outros cuidem de você. Como você acha que a sua criação contribuiu para este padrão? Por exemplo, seus pais desempenharam algum papel nisso? (Habilidade 3: educação sobre esquemas: começando a entender os problemas atuais em termos da terapia do esquema)

CLIENTE 7: Bem, meus pais tinham expectativas muito altas em relação a mim. A minha mãe concentrava toda a sua atenção no meu desempenho acadêmico e meu pai nas minhas habilidades atléticas. Por isso, meu pai zombava de mim... e minha mãe me ignorava. Se eu demonstrasse medo ou cometesse um erro, eles me comparavam com meu irmão mais velho, a quem chamavam de "super-herói".

TERAPEUTA 8: Uau... Sabe, toda criança precisa saber que os seus sentimentos são importantes. Ser aceita e amada quando está feliz, assustada, zangada, triste ou quando comete um erro. Fizeram você sentir como se fosse mau quando se sentia assustado ou preocupado (Habilidade 4: relacionando necessidades não atendidas, esquema e problema atual). Está correto?

CLIENTE 8: Sim. Tudo o que não fosse calar a boca e ser vencedor era visto como negativo. Francamente, às vezes me pergunto por que eles se deram ao trabalho de ter um segundo filho. Lembro-me de quando era pequeno, eu tinha muito cuidado com o que dizia, como dizia e quando dizia.

TERAPEUTA 9: É como pisar em ovos emocionalmente?

CLIENTE 9: Oh, com certeza. Era como se eu estivesse sempre a poucos segundos de provar que eu era uma porcaria para eles. Por isso, em relação ao que você diz, é claro que eu não podia ir até eles e expressar sentimentos ou necessidades. A simples ideia de que devia depender dos meus pais era absolutamente estranha durante o meu crescimento. Tudo se resumia a "faça bem ou cale a boca".

TERAPEUTA 10: Estou entendendo que você cresceu com uma sensação básica de que era de algum modo defeituoso, que não era suficientemente bom?

CLIENTE 10: Com certeza.

TERAPEUTA 11: Então, a sua educação inicial realmente consolidou este sentido de *self* negativo e levou ao desenvolvimento do que chamamos de um esquema de defectividade/vergonha. Considerando-se as suas experiências iniciais, quando este esquema é ativado, você sente que não pode expressar seus sentimentos ou permitir que outra pessoa o conforte. Mais uma vez, este esquema é uma crença emocional muito forte que foi desenvolvida precocemente e que ainda hoje exerce uma forte influência sobre você (Habilidade 4: relacionando necessidades não atendidas, esquema e problema atual).

CLIENTE 11: Sim, isso faz sentido. Mas... isso está no passado, e preciso superar e parar de me lamentar por coisas que não podem ser mudadas. Eu já sabotei o meu casamento. Realmente tenho que superar agora. Continuo agindo como um derrotado e dando importância a tudo. Sentir pena de mim mesmo é patético. Eu devia ser capaz de prosseguir com a minha vida.

TERAPEUTA 12: Uau, essa é uma autocrítica dura, justo quando você começou a compartilhar alguns sentimentos e percepções importantes. Parece que você mudou para um modo quando o seu esquema estava sendo ativado. Acho que provavelmente não temos que nos perguntar de onde essa voz crítica interna pode estar vindo (Habilidade 5: educação sobre modos esquemáticos desadaptativos).

CLIENTE 12: Só preciso aprender a ser mais resistente e me concentrar no que importa, no meu trabalho e no meu sucesso. Meu pai provavelmente estava certo. Preciso parar de prejudicar a minha carreira e a minha vida com todas estas preocupações estúpidas. Posso acabar sendo um fracassado, fracassado, fracassado...

TERAPEUTA 13: Estou ouvindo o seu crítico internalizado alto e claro! As declarações do seu crítico são muito duras e injustas com você. Parece que você está ouvindo a voz do seu pai chamando-o de "fracassado" (Habilidade 7: identificando a presença do modo crítico internalizado exigente/punitivo).

CLIENTE 13: Sim, eu também posso ouvir. Você tem razão, era assim que ele me chamava muitas vezes... É que eu gosto muito do meu pai, mas depois me lembro de todas as vezes em que ele foi horrível comigo... Por isso, às vezes, é difícil entender isso...

TERAPEUTA 14: Sim, estou vendo que é muito confuso ter sentimentos tão fortes e conflitantes. Você ama seu pai, mas também foi muito magoado. Quero que você saiba que tem o meu apoio nessa situação e que sei que é difícil. Vamos examinar juntos os detalhes do que aconteceu e ajudá-lo a processar esses sentimentos complexos (Habilidade 1: compreensão e sintonia).

CLIENTE 14: Acho que a parte em que eu fico mais confuso é sobre como deve ser uma infância "normal". Sei que o meu pai não foi muito bom para mim, mas é difícil imaginar algo diferente depois de ter sido tratado como uma porcaria por tantos anos. E, mais uma vez, eu acabo me sentindo um fracassado...

TERAPEUTA 15: Toda criança precisa se sentir querida e aceita pelos seus cuidadores. Esse crítico internalizado que apareceu, a voz e a mensagem inicial do seu pai, é duro e terrivelmente injusto, e também não é verdadeiro (Habilidade 10: reparentalização limitada para o modo crítico internalizado exigente/punitivo).

CLIENTE 15: Sei que uma parte de mim acredita que... que ele foi injusto...

TERAPEUTA 16: Oh?

CLIENTE 16: Lembro que uma vez eu o destratei. Provavelmente isso só aconteceu aquela vez, quando eu tinha uns 15 anos. Ele estava dizendo que eu era uma decepção, que eu era carente e que não merecia todos os benefícios que tinha na vida. Alguma coisa aconteceu dentro de mim. Falei que não entendia o que ele ganhava me humilhando e que eu queria que ele me deixasse em paz se só tinha coisas desagradáveis para dizer. Lembro que eu tremia incontrolavelmente enquanto fazia isso...

TERAPEUTA 17: Uau! Que bom para você! Seu modo adulto saudável foi capaz de defender os seus direitos. Sei que isso deve ter sido muito difícil com alguém como o seu pai. Admiro muito essa parte sua que você acabou de descrever, mesmo que os seus pais não a apoiassem. Você tem o direito de ser respeitado assim como é e de lutar pelas suas necessidades (Habilidade 2: apoiando e reforçando o modo adulto saudável).

CLIENTE 17: [*Triste*] Obrigado... Bem... [*Repentinamente sem emoção, desligado*] OK, escute, eu realmente entendo o que você está dizendo. Mas estou abalado por ter perdido o meu casamento, por ter discutido com os meus colegas de trabalho e por me sentir um fracasso. E não sei por que tenho que falar sobre essas coisas perturbadoras. Não vejo como isso me ajuda a me sentir melhor e a ser produtivo. Sabe, mais uma vez, fico imaginando o que meu pai diria se soubesse que estou falando com você. Ele estaria rindo de mim e dizendo que a autocompaixão não leva a nada de bom e que os terapeutas só querem fazer você chorar porque são treinados para isso.

TERAPEUTA 18: Aí está aquela sua parte dura outra vez. A parte que desliga toda a conexão com emoções razoáveis e se torna crítica com a terapia e com as minhas motivações. Notei que você pareceu triste por um momento e depois mudou, ignorando os sentimentos que compartilhou. Acho que foi ativado um modo de enfrentamento. Você tem consciência dessa mudança? (Habilidade 6: reconhecendo as mudanças de modo dos modos de enfrentamento desadaptativo)

CLIENTE 18: Sim, acho que sim... [*Suaviza*] É tão difícil ver o que posso fazer para superar isso...

TERAPEUTA 19: A culpa não é sua. Como você disse, seu pai o fez acreditar que você está perdendo tempo quando se permite experienciar emoções difíceis e que não deve confiar em ninguém que queira conhecê-lo de forma tão profunda e pessoal. Também pode ser por isso que você continua tendo dificuldades para dormir e problemas com seus colegas de trabalho. A tristeza do divórcio é válida e dolorosa, e precisa de um espaço para ser sentida e sofrida, assim como todos os sentimentos a que você teve de renunciar para ganhar a aprovação do seu pai. Posso lhe ajudar com isso, mas você precisa considerar que a mensagem do seu pai estava errada; porque estava (Habilidade 11: reparentalização limitada para os modos de enfrentamento desadaptativo: confrontação empática).

CLIENTE 19: Obrigado... Na verdade, eu gosto que você seja tão direto quanto a isso! [*Ri*] Acho que tem razão, está tudo conectado.

[A partir daqui a terapeuta e o cliente passam a maior parte da sessão trabalhando com imagem mental focada no esquema de defectividade/vergonha e no crítico internalizado do cliente. As interações a seguir ocorrem depois que esse trabalho de imagem mental foi feito].

CLIENTE 58: Uau... sim, estou muito mais consciente de que tenho este esquema terrível e um modo crítico severo. Meus sentimentos escalam rapidamente e fico zangado, da mesma forma que o meu pai sempre fez. Nunca tinha me dado conta tão claramente dessa relação até termos trabalhado nela hoje...

TERAPEUTA 59: Exato. Fico feliz em trabalhar mais nisso com você, para ver se podemos ajudá-lo a curar esse esquema e a ter melhores relacionamentos.

CLIENTE 59: Acho que um dos meus principais problemas é que, às vezes, parece que não consigo perceber essa escalada a tempo de interrompê-la. Mas a sua sugestão de que posso usar a observação da tensão do meu pescoço como um sinal inicial de alerta é realmente útil.

TERAPEUTA 60: É importante que você continue a ir mais devagar e note onde está sentindo essa sensação no seu corpo. Esta semana, eu gostaria que você monitorasse os seus modos todos os dias. Apenas faça uma varredura em seu corpo e note os momentos em que tem essa sensação. Isso irá alertá-lo para tirar alguns minutos para estar com o seu pequeno menino magoado e envergonhado, como aconteceu na sessão de hoje. Ele precisa de algum conforto e empatia durante esses momentos para evitar a mudança para o seu modo de "luta" (Habilidade 12: implementando a quebra de padrões comportamentais por meio de tarefas de casa).

CLIENTE 60: Obrigado, acho que você está certo. Vou tentar fazer isso.

Exercício 14

Sessões de terapia do esquema simuladas

Em contraste com os exercícios de prática deliberada altamente estruturados e repetitivos, uma sessão de TE simulada é uma sessão de terapia com *role-play* não estruturada e improvisada. Como um ensaio de *jazz*, as sessões simuladas permitem que você pratique a arte e a ciência da capacidade de resposta adequada (Hatcher, 2015; Stiles & Horvath, 2017), reunindo suas habilidades psicoterápicas de uma forma que seja útil para o seu cliente simulado. Esse exercício descreve o procedimento para conduzir uma sessão de TE simulada e oferece diferentes perfis que você pode escolher adotar quando representar um cliente.

As sessões simuladas são uma oportunidade para os aprendizes praticarem o seguinte:

- utilizar as competências da psicoterapia de forma responsiva;
- navegar pontos de escolha desafiadores na terapia;
- escolher quais intervenções utilizar;
- acompanhar a dinâmica de uma sessão de terapia e o quadro geral do tratamento;
- orientar o tratamento no contexto das preferências do cliente;
- determinar objetivos realistas para a terapia no contexto das capacidades do cliente;
- saber como proceder quando o terapeuta está inseguro, perdido ou confuso;
- reconhecer e recuperar-se de erros terapêuticos;
- descobrir o seu estilo terapêutico pessoal;
- desenvolver a resistência para trabalhar com clientes reais.

VISÃO GERAL DA SESSÃO SIMULADA

Para a sessão simulada, **você fará um *role-play* de uma sessão inicial de terapia**. Assim como acontece com os exercícios para desenvolver habilidades individuais, o *role-play* envolve três pessoas: um aprendiz desempenha o papel de terapeuta, outro faz o papel de cliente e um instrutor (um professor ou supervisor) observa e dá *feedback*. Esse é um *role-play* aberto, como é comumente feito no treinamento. No entanto, ele difere em dois aspectos importantes dos *role-plays* utilizados em treinamentos mais tradicionais. Primeiro, o terapeuta usará sua mão para indicar o grau de dificuldade do *role-play*. Em segundo lugar, o cliente tentará tornar o *role-play* mais fácil ou mais difícil para garantir que o terapeuta esteja praticando no nível de dificuldade correto.

PREPARAÇÃO

1. Faça *download* do Formulário de reação à prática deliberada e do Formulário diário da prática deliberada disponíveis no material complementar do livro em loja.grupoa.com.br (também disponíveis nos Apêndices A e B, respectivamente). Cada aluno precisará ter a sua própria cópia do Formulário de reação à prática deliberada em uma folha separada para que possa acessá-la rapidamente.

2. Escolha um aluno para representar o papel de terapeuta e outro para fazer o papel de cliente. O instrutor irá observar e dar *feedback* corretivo.

PROCEDIMENTO DA SESSÃO SIMULADA

1. Os aprendizes farão um *role-play* de uma sessão inicial (primeira) de terapia. Aquele que faz o papel de cliente seleciona um perfil do final desse exercício.

2. Antes de começar o *role-play*, o terapeuta coloca sua mão para o lado, no nível do assento da sua cadeira (veja a Figura E14.1). Ele usará essa mão durante todo o *role-play* para indicar quão desafiador é para ele ajudar o cliente. O nível inicial da sua mão (assento da cadeira) indica que o *role-play* é fácil. Ao levantar sua mão, o terapeuta indica que a dificuldade está aumentando. Se a sua mão se elevar acima do nível do pescoço, isso indica que o *role-play* é muito difícil.

3. O terapeuta inicia o *role-play*. O terapeuta e o cliente devem se envolver no *role-play* de forma improvisada, assim como fariam em uma sessão de terapia real. O terapeuta mantém a mão estendida ao seu lado durante todo esse processo. (Isso pode parecer estranho inicialmente!)

4. Sempre que o terapeuta sentir que a dificuldade dos *role-plays* mudou significativamente, ele deve mover a mão para cima se parecer mais difícil e para baixo se parecer mais fácil. Se a mão do terapeuta cair abaixo do assento da sua cadeira, o cliente deve tornar o *role-play* mais desafiador; se a mão do terapeuta se erguer acima do nível do pescoço, o cliente deve tornar o *role-play* mais fácil. As instruções para ajustar a dificuldade do *role-play* estão descritas na seção "Variando o nível de dificuldade".

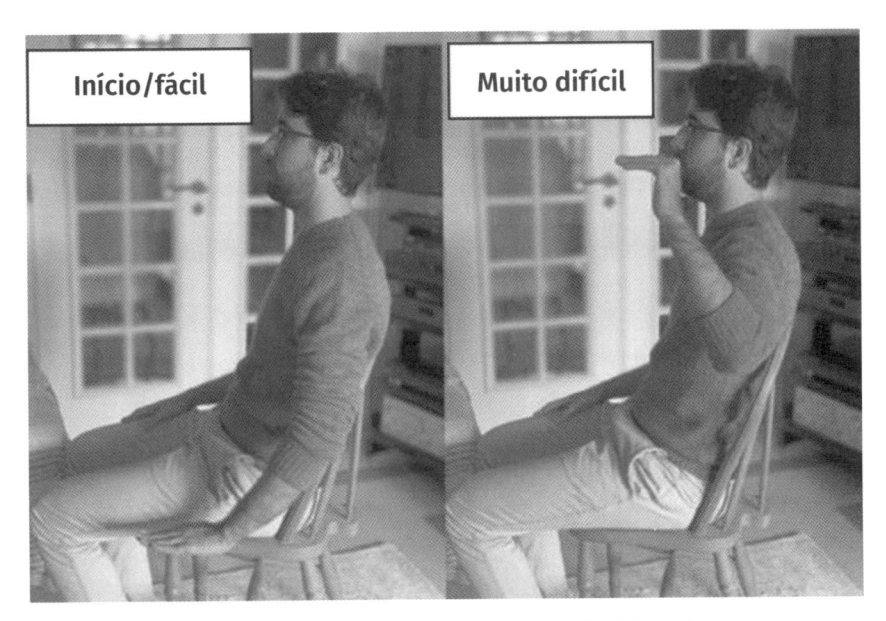

FIGURA E14.1 Avaliação contínua da dificuldade pelo nível da mão.
Esquerda: início do *role-play*. Direita: o *role-play* é muito difícil.

Fonte: Deliberate Practice in Emotion-Focused Therapy (p. 156), R. N. Goldman, A. Vaz, e T. Rousmaniere, 2021, American Psychological Association (https://doi.org/10.1037/0000227-000).
Copyright 2021 by the American Psychological Association.

5. O *role-play* continua por pelo menos 15 minutos. O instrutor pode fornecer *feedback* corretivo durante esse processo se o terapeuta se desviar significativamente do caminho. No entanto, os instrutores devem procurar se conter e manter o *feedback* tão curto e restrito quanto possível, para não reduzir a oportunidade do terapeuta para o treino experiencial.

6. Depois de terminado o *role-play*, o terapeuta e o cliente trocam de papéis e começam uma nova sessão simulada.

7. Quando ambos os aprendizes concluírem a sessão simulada como terapeuta, eles e o instrutor discutem a experiência.

Nota aos terapeutas

Lembre-se de estar consciente da sua qualidade vocal. Adapte o seu tom de voz à apresentação do cliente. Assim, se os clientes apresentarem emoções vulneráveis e suaves por trás das suas palavras, suavize o seu tom de voz para ser delicado e calmo. Se, por outro lado, forem agressivos e zangados, adapte o seu tom de voz para ser firme e forte. Se você escolher respostas que estimulem a exploração do cliente, como a relação entre necessidades não atendidas, esquema e problema atual, lembre-se de adotar um tom de voz mais questionador e exploratório.

VARIANDO O NÍVEL DE DIFICULDADE

Se o terapeuta indicar que a sessão simulada é muito fácil, a pessoa que está desempenhando o papel do cliente pode usar as seguintes modificações para torná-la mais desafiadora (veja também o Apêndice A):

- O cliente pode improvisar com tópicos que sejam mais evocativos ou que deixem o terapeuta desconfortável, como expressar sentimentos atuais fortes (veja a Figura A.2).
- O cliente pode usar uma voz estressada (p. ex., zangada, triste, sarcástica) ou uma expressão facial desagradável. Isso aumenta o tom emocional.
- Misturar sentimentos opostos de forma complexa (p. ex., amor e raiva).
- Tornar-se confrontador, questionando o objetivo da terapia ou a aptidão do terapeuta para o papel.

Se o terapeuta indicar que a sessão simulada é muito difícil:

- O cliente pode ser orientado pela Figura A.2 a
  - apresentar tópicos que sejam menos evocativos,
  - apresentar material sobre qualquer tópico, mas sem expressar sentimentos, ou
  - apresentar material referente ao futuro ou ao passado ou a eventos fora da terapia.
- O cliente pode fazer as perguntas com uma voz suave ou com um sorriso. Isso suaviza o estímulo emocional.
- O terapeuta pode fazer pausas curtas durante o *role-play*.
- O instrutor pode expandir a fase de *feedback* discutindo a teoria da TE.

PERFIS DOS CLIENTES NAS SESSÕES SIMULADAS

A seguir, apresentamos seis perfis de clientes para os aprendizes utilizarem durante as sessões simuladas, apresentados em ordem de dificuldade. A escolha do perfil pode ser determinada pelo aprendiz que está no papel de terapeuta, pelo que faz o papel de cliente ou atribuída pelo instrutor.

O aspecto mais importante dos *role-plays* é que os aprendizes transmitam o tom emocional indicado pelo perfil do cliente (p. ex., "zangado" ou "triste"). Os dados demográficos do cliente (p. ex., idade, gênero) e o conteúdo específico dos perfis não são importantes. Assim, os aprendizes devem adaptar o perfil do cliente para que seja mais confortável e fácil para o seu *role-play*. Por exemplo, um aprendiz pode mudar o perfil do cliente de mulher para homem, de 45 para 22 anos, e assim por diante.

Perfil iniciante: processando o luto com uma cliente receptiva

Laura é uma garçonete latina de 28 anos cuja mãe morreu de câncer há cerca de 6 meses. Ela tem sentido tristeza em relação à perda da sua mãe. Seu luto é complicado por sentimentos de raiva que ela sente pelo fato de a mãe não ter sido muito atenciosa ou carinhosa durante sua infância. A mãe de Laura era muito ocupada durante o seu crescimento, cuidando da família enquanto tentava ter vários empregos; no entanto, Laura ainda sente que sua mãe foi dura com ela. Também sente falta dos seus dois irmãos, que foram obrigados a voltar para o México por não terem documentos nos Estados Unidos. Laura quer ajuda para processar seu luto e a raiva em relação à sua mãe.

- **Problemas atuais:** luto, raiva e solidão.
- **Objetivos da cliente para a terapia:** Laura quer processar seus sentimentos complexos sobre sua mãe e se reconectar com seus irmãos.
- **Atitude em relação à terapia:** Laura teve boas experiências em terapia anteriormente, quando estava no ensino médio, e está otimista quanto à possibilidade de a terapia ajudar novamente.
- **Pontos fortes:** está muito motivada para a terapia e é emocionalmente aberta com o terapeuta.

Perfil iniciante: abordando a solidão com uma cliente engajada

Susana é uma contadora afro-americana de 25 anos que se mudou recentemente para o outro lado do país para assumir um novo emprego. Embora adore o seu novo emprego, ela tem tido dificuldade para fazer amizades. Está vindo para a terapia porque se sente sozinha. Recentemente, foi a um encontro e ficou decepcionada quando não correu bem. Ela teme ficar desanimada e deixar de tentar fazer novos amigos.

- **Problemas atuais:** solidão, tristeza e desânimo.
- **Objetivos da cliente para a terapia:** Susana quer criar motivação para fazer mais amizades e sair com mais frequência.
- **Atitude em relação à terapia:** Susana já teve experiências positivas em terapia anteriormente. Ela tem esperança de que esta terapia também a ajudará.
- **Pontos fortes:** está emocionalmente aberta e motivada para se envolver nas tarefas da terapia.

Perfil intermediário: abordando a ansiedade com um cliente nervoso

Bob é um eletricista branco de 35 anos que sofre de ansiedade extrema, ataques de pânico e vergonha. Ele sente que foi um "fracassado" durante toda a sua vida. Foi vítima de *bullying* no ensino médio e acha que as pessoas ainda o julgam. Ele tenta evitar o contato com as pessoas, exceto por meio de jogos *on-line* no computador. Foi encaminhado para a terapia pelo seu chefe, que notou que Bob às vezes não aparecia no trabalho ou saía mais cedo. Bob tem dificuldade para identificar seus sentimentos, exceto a ansiedade.

- **Problemas atuais:** ansiedade, ataques de pânico e isolamento social.
- **Objetivos do cliente para a terapia:** Bob quer se sentir mais confiante socialmente para que possa se engajar no trabalho de forma mais confiável.
- **Atitude em relação à terapia:** Bob não queria ir à terapia porque se sentia muito nervoso a respeito e achava que o terapeuta ia julgá-lo. Seu chefe o convenceu a tentar.
- **Pontos fortes:** por trás da sua ansiedade e vergonha, Bob realmente quer se conectar com as outras pessoas, incluindo o terapeuta.

Perfil intermediário: ajudando um cliente sarcástico e cético

Jeff é um engenheiro asiático-americano de 45 anos que foi encaminhado para terapia pelo seu empregador porque tem estado muito irritado no trabalho. Ele é muito inteligente e fica frustrado rapidamente quando seus colegas não entendem suas decisões. Quando isso ocorre, é sarcástico ou mau. Jeff compreende que isso é um problema e quer ser mais amigável, mas não tem conseguido mudar seu comportamento. Ele sabe que seus colegas não gostam dele e, por isso, sente-se socialmente isolado no trabalho.

- **Problemas atuais:** explosões de sarcasmo e maldade que incluem solidão e isolamento social.
- **Objetivos do cliente para a terapia:** Jeff quer aprender a ser mais paciente e a se relacionar melhor com seus colegas.
- **Atitude em relação à terapia:** Jeff nunca fez terapia antes e está cético se a terapia pode ajudar. Ele veio à terapia porque seu empregador lhe pediu.
- **Pontos fortes:** Jeff quer honestamente ser mais pró-social.

Perfil avançado: ajudando uma cliente muito desconfiada

Betty é uma afro-americana de 27 anos, estudante de pós-graduação em Direito. Quando acabar o curso, ela quer se tornar defensora pública. É a mais velha de quatro irmãos. Ela e seus irmãos foram sexual e fisicamente abusados pelo pai quando crianças, e ele também batia frequentemente na sua mãe. (O pai está atualmente na prisão devido aos abusos físicos e sexuais.) Ela também sente que foi muito magoada e traumatizada pelo racismo e discriminação sistemáticos. Betty lutou muito para alcançar o seu *status* atual. De modo geral, não confia no sistema e sente que os seus interesses não foram prioritários ou protegidos. Sente muita raiva do seu pai e também da sua mãe por não ter protegido a ela e aos irmãos. A irmã mais nova de Betty recentemente cometeu suicídio devido ao abuso sofrido. Betty se sente muito culpada por não ter protegido seus irmãos do pai.

- **Problemas atuais:** raiva dos pais, culpa por não ter protegido os irmãos e luto pelo suicídio da irmã.
- **Objetivos da cliente para a terapia:** Betty quer resolver a culpa que sente em relação à sua irmã.
- **Atitude em relação à terapia:** Betty fez terapia quando estava no ensino fundamental, mas teve uma má experiência – quando contou ao terapeuta sobre os abusos do pai, ele não acreditou nela e contou ao pai o que Betty tinha dito. (Ela descobriu posteriormente que o terapeuta era amigo do seu pai.) Assim, desconfia muito dos terapeutas, particularmente dos que não são afro-americanos.
- **Pontos fortes:** está focada e dedicada a melhorar sua saúde mental. Betty é extremamente resiliente. Tem fortes convicções sobre justiça social. É muito leal aos seus amigos e família.

Perfil avançado: ajudando uma cliente com instabilidade de humor e autolesão

Jane é uma estudante universitária europeia-americana de 20 anos que está tendo problemas em seu relacionamento; ela oscila entre estar profundamente apaixonada pelo namorado e odiá-lo quando ele faz algo que a desaponta, como esquecer do seu aniversário. Quando Jane fica desapontada com o namorado, sente-se traída e abandonada, fica muito zangada e deprimida e se corta. Jane tem um padrão semelhante com sua família e amigos, em que oscila entre gostar muito deles e depois sentir-se traída e abandonada quando eles a desapontam.

- **Problemas atuais:** labilidade do humor, autolesão (corte) e instabilidade nos relacionamentos.
- **Objetivos da cliente para a terapia:** Jane quer encontrar estabilidade em si mesma e nos seus relacionamentos.
- **Atitude em relação à terapia:** Jane já fez terapia anteriormente, o que foi útil até que o terapeuta a decepcionou ao faltar a uma sessão, depois da qual Jane se sentiu traída e abandonada e desistiu da terapia. Jane receia que você (seu novo terapeuta) possa traí-la ou abandoná-la.
- **Pontos fortes:** Jane é muito aberta ao que o terapeuta diz (quando se sente segura na terapia).

PARTE III

Estratégias para melhorar os exercícios de prática deliberada

A Parte III consiste de um capítulo, o Capítulo 3, que oferece conselhos e instruções adicionais para os instrutores e os aprendizes, de modo que eles possam colher mais benefícios dos exercícios de prática deliberada apresentados na Parte II. O Capítulo 3 apresenta seis pontos-chave para tirar o máximo proveito da prática deliberada, diretrizes para a prática de um tratamento adequadamente responsivo, estratégias de avaliação, métodos para assegurar o bem-estar do aprendiz e respeitar a sua privacidade, e orientações para monitorar a relação instrutor-aprendiz.

3
Como obter o máximo da prática deliberada
Orientação adicional para instrutores e aprendizes

No Capítulo 2 e nos próprios exercícios, fornecemos instruções para a realização dos exercícios de prática deliberada. Este capítulo fornece orientações sobre tópicos gerais que os instrutores precisarão para integrar com sucesso a prática deliberada ao seu programa de treinamento. Essas orientações são baseadas em pesquisas relevantes e nas experiências e *feedback* de treinadores em mais de uma dúzia de programas de treinamento em psicoterapia que foram voluntários para testar os exercícios de prática deliberada deste livro. Abordamos tópicos que incluem avaliação, obtenção do máximo da prática deliberada, bem-estar do aprendiz, respeito à privacidade do aprendiz, autoavaliação do instrutor, tratamento responsivo e a aliança entre aprendiz-instrutor.

SEIS PONTOS-CHAVE PARA OBTER O MÁXIMO DA PRÁTICA DELIBERADA

A seguir, apresentamos seis pontos-chave de orientação para que instrutores e aprendizes obtenham o máximo benefício dos exercícios de prática deliberada na TE. As orientações foram acumuladas a partir de experiências de verificação e prática dos exercícios, algumas vezes em diferentes línguas, com muitos aprendizes em muitos países.

Ponto-chave 1: crie estímulos emocionais realistas

Um componente-chave da prática deliberada é o uso de estímulos que provoquem reações similares às de ambientes de trabalho desafiadores da vida real. Por exemplo, pilotos treinam com simuladores de voo que apresentam falhas mecânicas e condições climáticas perigosas; cirurgiões praticam com simuladores cirúrgicos que apresentam complicações médicas com apenas alguns segundos para responder. O treino com estímulos desafiadores aumentará a capacidade dos aprendizes de realizar a terapia eficazmente em situações de estresse – por exemplo, com clientes que acham desafiadores. Os estímulos usados para os exercícios de prática deliberada na TE são *role-plays* de declarações desafiadoras de clientes em terapia. **É importante que o aprendiz que está no papel do cliente execute o roteiro com expressão emocional apropriada e mantenha contato visual com o terapeuta.** Por exemplo, se a declaração do cliente requer uma emoção triste, o aprendiz deve tentar expressar tristeza ao encarar o terapeuta. Oferecemos essas sugestões com relação à expressividade emocional:

1. O tom emocional do *role-play* é mais importante do que as palavras exatas de cada roteiro. Os aprendizes que interpretam o cliente devem se sentir livres para improvisar e mudar as palavras se isso os ajudar a ser mais expressivos emocionalmente. Eles não precisam seguir 100% o roteiro. Na verdade, lê-lo durante o exercício pode soar vazio e impedir o contato visual. Em vez disso, aqueles no papel do cliente devem primeiro ler a declaração silenciosamente para si mesmos e depois, quando estiverem prontos, dizê-la de forma emocional olhando diretamente para o aprendiz que faz o papel do terapeuta. Isso ajudará a experiência a parecer mais real e envolvente para o terapeuta.

2. Os aprendizes cuja primeira língua não é o inglês podem se beneficiar particularmente da revisão e mudança das palavras no roteiro da declaração do cliente antes de cada *role-play* para que possam encontrar palavras que sejam congruentes e facilitem a expressão emocional.

3. Os aprendizes que interpretam o papel do cliente devem tentar usar expressões tonais e não verbais de sentimentos. Por exemplo, se um roteiro pedir raiva, o aprendiz pode falar com uma voz zangada e cerrar os punhos; se pedir vergonha ou culpa, o aprendiz pode pender o corpo para frente e se curvar; e se pedir tristeza, o aprendiz pode falar com uma voz fraca e desanimada.

4. Se os aprendizes estiverem com dificuldades persistentes para agir com credibilidade quando seguem um determinado roteiro no papel de cliente, pode ser útil fazer primeiro uma "rodada de demonstração", lendo diretamente do papel e, então, logo em seguida, largando o papel para fazer contato visual e repetir a mesma declaração do cliente de memória. Alguns aprendizes relataram que isso os ajudou a "ficar disponíveis como clientes reais" e fez com que o *role-play* parecesse menos artificial, e alguns fizeram três ou quatro "rodadas de demonstração" até entrarem completamente no seu papel de cliente.

Ponto-chave 2: personalize os exercícios para se adaptarem às suas circunstâncias de treinamento

A prática deliberada tem menos a ver com a adesão a regras específicas do que com a utilização dos *princípios de treinamento*. Cada instrutor tem seu próprio estilo de ensino e cada aprendiz tem seu próprio processo de aprendizagem. Assim, os exercícios deste livro foram concebidos para serem adaptados flexivelmente pelos instrutores em diferentes contextos de treinamento e em diferentes culturas. Os aprendizes e os instrutores são encorajados a ajustar os exercícios continuamente para otimizar a sua prática. O treino mais eficaz ocorrerá quando os exercícios de prática deliberada forem adaptados às necessidades de aprendizagem de cada indivíduo e à cultura de cada local de treinamento. Na nossa experiência com inúmeros instrutores e aprendizes em muitos países, descobrimos que todos personalizaram espontaneamente os exercícios de acordo com as suas circunstâncias específicas de treinamento. Não houve dois instrutores que seguissem exatamente o mesmo procedimento. Por exemplo:

- Um supervisor usou os exercícios com um aprendiz que achou todas as declarações do cliente muito difíceis, inclusive os estímulos para "iniciantes". Este aprendiz teve várias reações na categoria "muito difícil", incluindo náusea, vergonha severa e autodúvida. Ele revelou ao supervisor que havia experienciado ambientes de aprendizagem extremamente rígidos no início da sua vida e achou que os *role-plays* eram altamente evocativos. Para ajudar, o supervisor seguiu as sugestões oferecidas no Apêndice A para tornar os estímulos progressivamente mais fáceis até que o aprendiz relatou sentir um "bom desafio" no Formulário de reação à prática deliberada. Ao longo de muitas semanas de prática, o aprendiz desenvolveu um sentimento de segurança e foi capaz de praticar com declarações de clientes mais difíceis. (Note que, se o supervisor tivesse prosseguido com o nível de dificuldade muito difícil, o aprendiz poderia ter obedecido, escondendo suas reações negativas, ficando emocionalmente inundado e sobrecarregado, levando ao afastamento e, assim, impedindo o seu desenvolvimento de habilidades e arriscando o abandono do treinamento.)
- Os supervisores dos aprendizes para quem o inglês não era a primeira língua adaptaram as declarações dos clientes à sua língua nativa.
- Um supervisor utilizou os exercícios com um aprendiz que achou todos os estímulos muito fáceis, incluindo as declarações dos clientes no nível avançado. Este supervisor rapidamente passou para a improvisação de declarações de clientes mais desafiadoras a partir do zero, seguindo as instruções do Apêndice A sobre como tornar as declarações dos clientes mais desafiadoras.

Ponto-chave 3: descubra seu próprio estilo terapêutico pessoal e único

A prática deliberada em psicoterapia pode ser comparada ao processo de aprender a tocar *jazz*. Todos os músicos de *jazz* se orgulham das suas hábeis improvisações, e o processo de "encontrar sua própria voz" é um pré-requisito para a maestria na musicalidade do *jazz*. No entanto, as improvisações não são uma coleção de notas aleatórias, mas o ponto culminante da prática deliberada e extensiva ao longo do tempo. De fato, a capacidade de improvisar é desenvolvida com base em muitas horas de prática dedicada das escalas, melodias, harmonias, e assim por diante. Da mesma forma, os aprendizes de psicoterapia são encorajados a experienciar as intervenções roteirizadas neste livro não como um fim em si, mas como um meio de promover habilidades de forma sistemática. Com o tempo, a criatividade terapêutica efetiva pode ser apoiada, em vez de restringida, pela prática dedicada a estas "melodias" terapêuticas.

Ponto-chave 4: ensaie em quantidade suficiente

A prática deliberada utiliza o ensaio para mover as habilidades para a memória procedural, o que ajuda os aprendizes a manter o acesso às habilidades, mesmo quando trabalham com clientes desafiadores. Isso só funciona se eles se engajarem em muitas repetições dos exercícios. Pense em um esporte desafiador ou um instrumento musical que você tenha aprendido: de quantos ensaios um profissional precisaria para se sentir confiante para executar uma nova habilidade? A psicoterapia não é mais fácil do que esses outros domínios!

Ponto-chave 5: ajuste continuamente a dificuldade

Um elemento crucial da prática deliberada é o treinamento a um nível de dificuldade ideal: nem fácil demais nem difícil demais. Para isso, faça avaliações e ajustes da dificuldade com o Formulário de reação à prática deliberada no Apêndice A. **Não pule essa etapa!** Se os aprendizes não sentirem nenhuma das reações do "bom desafio" na parte inferior do formulário, então o exercício provavelmente é fácil demais; se sentirem alguma das reações do tipo "muito difícil", então é possível que o exercício seja complexo demais para acarretar algum benefício. Os aprendizes e terapeutas avançados podem considerar todas as declarações dos clientes muito fáceis. Nesse caso, eles devem tornar as declarações mais difíceis, seguindo as instruções no Apêndice A, para que possam fazer com que os *role-plays* sejam suficientemente desafiadores.

Ponto-chave 6: integrando tudo com a transcrição da prática e as sessões simuladas

Alguns aprendizes podem precisar de uma maior contextualização das respostas terapêuticas individuais associadas a cada habilidade, sentindo a necessidade de integrar as partes discrepantes do seu treinamento de uma forma mais coerente, com uma simulação que imite uma sessão de terapia real. A transcrição anotada no Exercício 13 e as sessões simuladas no Exercício 14 oferecem essa oportunidade, permitindo-lhes praticar sequencialmente a entrega de diferentes respostas em um encontro terapêutico mais realista.

TRATAMENTO RESPONSIVO

Os exercícios deste livro foram concebidos para ajudar os aprendizes a não só adquirir habilidades específicas da TE, mas também utilizá-las de forma responsiva a cada cliente individual. Em toda a literatura de psicoterapia, essa postura tem sido referida como *responsividade apropriada*, em que os terapeutas exercem um julgamento flexível, com base em sua percepção do estado emocional, necessidades e objetivos do cliente, e integra técnicas e outras habilidades interpessoais na busca de resultados ideais para o cliente (Hatcher, 2015; Stiles et al., 1998). O terapeuta eficaz é responsivo ao contexto emergente. Como defenderam Stiles e Horvath (2017), um terapeuta é eficaz porque é apropriadamente responsivo. Fazer a "coisa certa" pode ser diferente a cada vez e significa fornecer a cada cliente uma resposta individualmente adaptada.

A responsividade apropriada contraria a falsa concepção de que o ensaio da prática deliberada é concebido para promover a repetição robotizada de técnicas de terapia. Os pesquisadores em psicoterapia demonstraram que a adesão excessiva a um determinado modelo, negligenciando as preferências do cliente, reduz a eficácia da terapia (p. ex., Castonguay et al., 1996; Henry et al., 1993; Owen & Hilsenroth, 2014). A flexibilidade do terapeuta, por outro lado, tem demonstrado melhorar os resultados (p. ex., Bugatti & Boswell, 2016; Kendall & Beidas, 2007; Kendall & Frank, 2018). É importante, portanto, que os aprendizes pratiquem suas habilidades recém aprendidas de forma flexível e que responda às necessidades únicas de uma grande variedade de clientes (Hatcher, 2015; Hill & Knox, 2013). Assim, é de extrema importância que desenvolvam as habilidades perceptuais necessárias para que sejam capazes de sintonizar com o que o cliente está experienciando no momento e formar a sua resposta com base em seu contexto, momento a momento.

O supervisor deve ajudar o supervisionado a entrar em sintonia com as necessidades únicas e específicas dos clientes durante as sessões. Ao colocar a responsividade em prática com o supervisionado, o supervisor pode demonstrar seu valor e torná-la mais explícita. Dessa forma, pode ser dada atenção a uma visão mais geral da responsividade apropriada. Aqui, pode haver um trabalho conjunto para ajudar o aprendiz a dominar não só as técnicas, mas também a forma como os terapeutas podem usar seu julgamento para reunir as técnicas e promover mudanças positivas. Ajudar os aprendizes a ter em mente esse objetivo abrangente durante a revisão das sessões de terapia é uma caraterística valiosa da supervisão que é difícil de obter de outra forma (Hatcher, 2015).

Também é importante que a prática deliberada ocorra em um contexto de aprendizagem mais amplo da TE. Como mencionado no Capítulo 1, o treino deve ser combinado com a supervisão de gravações de terapias reais, aprendizagem teórica, observação de terapeutas do esquema competentes e trabalho terapêutico pessoal. Quando o instrutor ou o aprendiz determina que este último está tendo dificuldades em adquirir habilidades da TE, é importante avaliar cuidadosamente o que está faltando ou o que é necessário. A avaliação deverá, então, levar à solução apropriada, à medida que o instrutor e o aprendiz determinam colaborativamente o que é necessário.

FICANDO ATENTO AO BEM-ESTAR DO APRENDIZ

Embora os efeitos negativos que alguns clientes experienciam em psicoterapia tenham sido bem documentados (Barlow, 2010), os efeitos negativos do treinamento e supervisão nos aprendizes têm recebido menos atenção (Ellis et al., 2014). Para apoiar uma forte autoeficácia, os instrutores devem assegurar que os aprendizes estejam praticando a um nível de dificuldade correto. Os exercícios deste livro apresentam orientações para avaliar e ajustar frequentemente o nível de dificuldade, de modo que os aprendizes possam ensaiar a um nível que vise precisamente o seu limiar de habilidades pessoais. Os instrutores e supervisores devem estar atentos para oferecer um desafio adequado. Um risco para os aprendizes que é particularmente pertinente para este livro ocorre quando se utilizam *role-plays* que são muito difíceis. O Formulário de reação à prática deliberada, no Apêndice A, é fornecido para ajudar os aprendizes a garantir que os *role-plays* sejam realizados a um nível de desafio apropriado. Os instrutores ou os aprendizes podem se sentir tentados a saltar as avaliações de dificuldade e os ajustes, devido à sua motivação para focar no ensaio para que possam progredir e adquirir as habilidades rapidamente. No entanto, em todos os nossos locais de teste, constatamos que saltar as avaliações e os ajustes de dificuldade causou mais problemas e impediu a aquisição de habilidades do que qualquer outro erro. Assim, os instrutores são alertados a lembrar que **uma das suas responsabilidades mais importantes é lembrar aos aprendizes que eles devem fazer as avaliações de dificuldade e os respectivos ajustes**.

Além disso, o Formulário de reação à prática deliberada tem o duplo propósito de ajudar os aprendizes a desenvolver as importantes habilidades de automonitoramento e autoconsciência (Bennett-Levy, 2019). Isso os ajudará a adotar uma postura positiva e capacitada em relação ao seu próprio autocuidado e deverá facilitar o desenvolvimento profissional ao longo da carreira.

RESPEITANDO A PRIVACIDADE DO APRENDIZ

Os exercícios de prática deliberada deste livro podem provocar reações pessoais complexas ou desconfortáveis, incluindo, por exemplo, memórias de traumas passados. A exploração das reações psicológicas e emocionais pode fazer com que alguns aprendizes se sintam vulneráveis. Terapeutas em todos os estágios na carreira, desde os iniciantes até aqueles com décadas de experiência, comumente experimentam vergonha, constrangimento e autodúvida nesse processo. Embora essas experiências possam ser valiosas para o desenvolvimento da autoconsciência dos aprendizes, é importante que o treinamento permaneça focado no desenvolvimento de habilidades profissionais e não se desvie para uma terapia pessoal (p. ex., Ellis et al., 2014). Assim, um dos papéis do instrutor é lembrar aos aprendizes que devem manter limites adequados.

Os aprendizes devem ter a última palavra sobre o que devem ou não revelar ao seu instrutor. Eles devem ter em mente que o objetivo é expandir sua própria autoconsciência e capacidade psicológica para se manter ativo e útil enquanto experimenta reações desconfortáveis. O instrutor não precisa conhecer os detalhes específicos sobre o mundo interno do aprendiz para que isso aconteça.

Eles devem ser instruídos a compartilhar apenas as informações pessoais que se sintam à vontade para compartilhar. O Formulário de reação à prática deliberada e o processo de avaliação da dificuldade são concebidos para ajudá-los a desenvolverem sua autoconsciência, ao mesmo tempo mantendo o controle sobre a sua privacidade. Os aprendizes podem ser lembrados de que o objetivo é que aprendam sobre seu próprio mundo interno. Eles não necessariamente têm que compartilhar essas informações com os instrutores ou com os colegas (Bennett-Levy & Finlay-Jones, 2018). Da mesma forma, os aprendizes devem ser instruídos a respeitar a confidencialidade dos seus pares.

AUTOAVALIAÇÃO DO INSTRUTOR

Os exercícios deste livro foram testados em uma grande variedade de locais de treinamento em todo o mundo, incluindo cursos de pós-graduação, locais de estágio e consultórios particulares. Embora os instrutores tenham relatado que os exercícios foram altamente eficazes para o treinamento, alguns também disseram que se sentiram desorientados pela diferença entre a prática deliberada comparada com seus métodos de educação clínica tradicionais. Muitos sentiam-se à vontade para avaliar o desempenho dos seus aprendizes, mas tinham menos certeza quanto ao seu próprio desempenho como instrutores.

A preocupação mais comum que ouvimos dos instrutores foi: "Os meus aprendizes estão se saindo muito bem, mas não tenho certeza se estou fazendo isso corretamente!". Para abordar essa questão, recomendamos que os instrutores realizem autoavaliações periódicas de acordo com os cinco critérios a seguir:

1. Observar o desempenho profissional dos aprendizes.
2. Dar *feedback* corretivo contínuo.
3. Assegurar-se de que o ensaio de habilidades específicas esteja um pouco além das capacidades atuais dos aprendizes.
4. Assegurar-se de que o aprendiz está praticando no nível de dificuldade adequado (nem muito fácil nem muito difícil).
5. Avaliar continuamente o desempenho do aprendiz com clientes reais.

Critério 1: observar o desempenho profissional dos aprendizes

Determinar o quanto estamos nos saindo bem como instrutores significa, em primeiro lugar, dispor de informações válidas sobre a forma como os aprendizes estão respondendo ao treinamento. Isso requer observá-los diretamente praticando as competências a fim de fornecer *feedback* e avaliação corretivos. Um dos riscos da prática deliberada é o fato de os aprendizes adquirirem competência na execução de habilidades terapêuticas em *role-plays*, mas essas competências não serem transferidas para seu trabalho com clientes reais. Assim, o ideal é que os instrutores também tenham a oportunidade de observar amostras do trabalho dos aprendizes com clientes reais, seja ao vivo ou por meio de gravações em vídeo. Os supervisores e consultores se baseiam fortemente – e, com muita frequência, exclusivamente – nos relatos narrativos dos supervisionados e consultados sobre o seu trabalho com os clientes (Goodyear & Nelson, 1997). Haggerty e Hilsenroth (2011) descreveram este desafio:

> Suponhamos que um ente querido tem que passar por uma cirurgia e você precisa escolher entre dois cirurgiões, um dos quais nunca foi observado diretamente por um cirurgião experiente enquanto realizava uma cirurgia. Ele realizaria a cirurgia, voltaria a se encontrar com seu médico responsável e tentaria recordar, por vezes de forma incompleta ou imprecisa, os passos intrincados da cirurgia que acabou de realizar. É difícil imaginar que alguém, se pudesse escolher, preferisse isso a um profissional que tenha sido rotineiramente observado na prática do seu ofício. (p. 193)

Critério 2: dar *feedback* corretivo contínuo

Os aprendizes precisam de *feedback* corretivo para saberem o que estão fazendo bem, o que estão fazendo mal e como melhorar as suas habilidades. O *feedback* deve ser o mais específico e gradual possível. Exemplos de *feedback* específico são: "A sua voz parece apressada. Tente ir mais devagar, fazendo uma pausa de alguns segundos entre as suas declarações ao cliente" e "É excelente a forma como você está estabelecendo contato visual com o cliente". Exemplos de *feedback* vago e inespecífico são: "Tente desenvolver um melhor *rapport* com o cliente" e "Tente ser mais aberto aos sentimentos do cliente".

Critério 3: ensaio de habilidades específicas um pouco além das capacidades atuais (zona de desenvolvimento proximal)

A prática deliberada enfatiza a aquisição de habilidades por meio do ensaio comportamental. Os instrutores devem se esforçar para não ficarem presos na conceitualização do cliente em detrimento do foco nas habilidades. Para muitos instrutores, isso requer disciplina e autocontrole significativos. É simplesmente mais agradável falar sobre a teoria da psicoterapia (p. ex., conceitualização de caso, planejamento do tratamento, nuances dos modelos de psicoterapia, casos semelhantes que o supervisor já teve) do que observar os aprendizes ensaiando habilidades. Os aprendizes têm muitas perguntas e os supervisores têm muita experiência; o tempo reservado para supervisão pode ser facilmente preenchido com o compartilhamento de conhecimentos. O supervisor tem a chance de parecer inteligente, enquanto o aprendiz não precisa se esforçar para adquirir habilidades no seu limite de aprendizagem. Embora responder a perguntas seja importante, o conhecimento intelectual dos aprendizes sobre psicoterapia pode rapidamente superar a sua capacidade procedural de realizar psicoterapia, particularmente com clientes que consideram desafiadores. Essa é uma regra prática: o instrutor fornece o conhecimento, mas o ensaio comportamental fornece a habilidade (Rousmaniere, 2019).

Critério 4: praticar no nível de dificuldade adequado (nem muito fácil nem muito difícil)

A prática deliberada envolve uma *tensão ideal*: praticar habilidades um pouco além do limiar atual de habilidades do aprendiz, para que ele possa aprender gradualmente sem que fique sobrecarregado (Ericsson, 2006). Os instrutores devem utilizar avaliações e ajustes da dificuldade ao longo da prática deliberada para garantir que os aprendizes estejam praticando no nível de dificuldade correto. Note que alguns aprendizes ficam surpresos com as suas reações desagradáveis aos exercícios (p. ex., dissociação, náuseas, apagão), e podem sentir-se tentados a "forçar a barra" em exercícios muito difíceis. Isso pode acontecer por medo de serem reprovados em um curso, medo de serem julgados como incompetentes ou por impressões negativas que o aprendiz tem sobre si (p. ex., "Isso não deveria ser tão difícil"). Os instrutores devem normalizar o fato de que haverá uma grande variação na percepção da dificuldade dos exercícios e encorajar os aprendizes a respeitarem seu processo de treino pessoal.

Critério 5: avaliar continuamente o desempenho do aprendiz com clientes reais

O objetivo de praticar deliberadamente habilidades de psicoterapia é melhorar a eficácia dos aprendizes na ajuda a clientes reais. Um dos riscos no treino de prática deliberada é que os benefícios não se generalizem: a competência adquirida pelos aprendizes em habilidades específicas pode não se traduzir no trabalho com clientes reais. Assim, é importante que os instrutores avaliem o impacto da prática deliberada no trabalho dos aprendizes com clientes reais. Idealmente, isso é feito por meio da triangulação de múltiplos pontos de dados:

1. dados do cliente (autorrelato verbal e dados de rotina do monitoramento dos resultados);
2. relato do supervisor;
3. autorrelato do aprendiz.

Se a eficácia do aprendiz com clientes reais não estiver melhorando após a prática deliberada, o instrutor deverá fazer uma avaliação cuidadosa da dificuldade. Se o supervisor ou o instrutor achar que se trata de um problema de aquisição de habilidades, ele poderá considerar a possibilidade de ajustar a rotina da prática deliberada para melhor se adequar às necessidades e/ou estilo de aprendizagem do aprendiz.

Tradicionalmente, os terapeutas têm sido avaliados através de uma lente de *responsabilidade pelo processo* (Markman & Tetlock, 2000; ver também Goodyear, 2015), que se concentra na demonstração de comportamentos específicos (p. ex., fidelidade a um modelo de tratamento) sem considerar o impacto nos clientes. Propomos que a eficácia clínica é mais bem avaliada através de uma lente fortemente focada nos resultados dos clientes e que os objetivos de aprendizagem passem da execução de comportamentos que os especialistas decidiram que são eficazes (ou seja, o modelo de competência) para objetivos comportamentais altamente individualizados, adaptados à zona de desenvolvimento proximal e ao *feedback* do desempenho de cada aprendiz. Esse modelo de avaliação foi denominado *responsabilidade pelos resultados* (Goodyear, 2015), que se concentra nas mudanças do cliente e não na competência do terapeuta, independentemente de como o terapeuta possa estar realizando as tarefas esperadas.

ORIENTAÇÕES PARA OS APRENDIZES

O tema central deste livro é que o ensaio de habilidades não é automaticamente útil. A prática deliberada deve ser bem feita para que os aprendizes se beneficiem (Ericsson & Pool, 2016). Neste capítulo e nos exercícios, oferecemos orientações para uma prática deliberada eficaz. Também gostaríamos de dar algumas orientações adicionais especificamente para os aprendizes. Esses conselhos foram retirados do que aprendemos nos nossos locais de teste de prática deliberada voluntária em todo o mundo. Abordamos a forma de descobrir o seu próprio processo de treinamento, o esforço ativo, a ludicidade e as pausas durante a prática deliberada, seu direito de ter controle sobre a sua autorrevelação aos instrutores, o monitoramento dos resultados do treino, o monitoramento de reações complexas em relação ao instrutor e a sua própria terapia pessoal.

Treino individualizado em terapia do esquema: encontrando a sua zona de desenvolvimento proximal

A prática deliberada funciona melhor quando o treino visa os limiares de habilidades pessoais de cada aprendiz. Também chamada de *zona de desenvolvimento proximal*, um termo cunhado pela primeira vez por Vygotsky em referência à teoria do desenvolvimento da aprendizagem (Zaretskii, 2009), esta é a área que está um pouco além da habilidade atual do aprendiz, mas que é possível alcançar com a ajuda de um professor ou instrutor (Wass & Golding, 2014). **Se um exercício de prática**

deliberada for muito fácil ou muito difícil, o aprendiz não se beneficiará. Para maximizar a produtividade do treino, os atletas de elite seguem o princípio "desafiador, mas não devastador": as tarefas que estão muito além das suas capacidades se revelarão ineficazes e até prejudiciais; é igualmente verdade que a mera repetição do que já conseguem fazer com confiança se revelará infrutífera. Por este motivo, a prática deliberada requer uma avaliação contínua da habilidade atual do aprendiz e o ajuste simultâneo da dificuldade, de modo a focar de forma consistente um desafio "suficientemente bom". Assim, se você estiver praticando o Exercício 11 ("Reparentalização limitada para os modos de enfrentamento desadaptativo: confrontação empática") e ele parecer muito difícil, considere voltar para uma habilidade mais confortável, como o Exercício 6 ("Reconhecendo as mudanças de modo dos modos de enfrentamento desadaptativo").

Esforço ativo

É importante que os aprendizes mantenham um esforço ativo e sustentado enquanto fazem os exercícios de prática deliberada deste livro. A prática deliberada é realmente útil quando os aprendizes se esforçam para atingir e ultrapassar as suas capacidades atuais. A melhor forma de conseguir isso é quando se apropriam da própria prática, orientando seus parceiros de treino para ajustarem os *role-plays* para estarem o mais alto possível na escala de dificuldade, sem se prejudicarem. Isso será diferente para cada pessoa. Embora possa parecer desconfortável ou mesmo assustador, essa é a zona de desenvolvimento proximal onde se podem obter os maiores ganhos. A simples leitura e repetição dos roteiros escritos trará pouco ou nenhum benefício. Aconselha-se os aprendizes a lembrarem que o seu esforço no treino deve conduzir a uma maior confiança e conforto na sessão com clientes reais.

Mantenha o rumo: esforço *versus* fluxo

A prática deliberada só funciona se os aprendizes se esforçarem o suficiente para quebrar seus antigos padrões de desempenho, o que permite o desenvolvimento de novas habilidades (Ericsson & Pool, 2016). Como a prática deliberada se concentra constantemente no limite atual da capacidade de desempenho de cada um, esta é inevitavelmente uma grande empreitada. De fato, é pouco provável que os profissionais obtenham melhoras duradouras no desempenho, a menos que haja um envolvimento suficiente em tarefas que estejam no limite da sua capacidade atual (Ericsson, 2003, 2006). No atletismo ou no treinamento físico, muitos de nós estão familiarizados com o processo de sermos empurrados para fora da nossa zona de conforto, o que vem seguido pela adaptação. O mesmo processo aplica-se às nossas capacidades mentais e emocionais.

Muitos aprendizes podem se surpreender ao descobrir que a prática deliberada da TE é mais difícil do que a psicoterapia com um cliente real. Isso pode se dever ao fato de que, ao trabalhar com um cliente real, o terapeuta pode entrar em um estado de *fluxo* (Csikszentmihalyi, 1997), em que o trabalho parece não exigir esforço. Em contraste, o desenvolvimento efetivo de habilidades tende a inerentemente ser enérgico e exigente, muitas vezes esgotando a energia dos terapeutas muito rápido quando praticam uma tarefa particularmente desafiadora. Nesses casos, os terapeutas podem querer voltar a oferecer formatos de resposta com os quais estão mais familiarizados e se sentem mais proficientes, e tentar esses formatos por um curto período, em parte para aumentar a sensação de confiança e domínio.

Descubra seu próprio processo de treinamento

A eficácia da prática deliberada está diretamente relacionada com o esforço e a apropriação durante a realização dos exercícios. Os instrutores podem fornecer orientações, mas é importante que os aprendizes conheçam seus próprios processos de treinamento idiossincrásicos ao longo do tempo. Isso lhes permitirá tornarem-se mestres do próprio treinamento e prepararem-se para um processo de desenvolvimento profissional ao longo da carreira. Apresentamos, a seguir, alguns exemplos de processos de treino pessoal que os aprendizes descobriram enquanto se engajavam na prática deliberada:

- Uma aprendiz notou que é boa em persistir enquanto um exercício é desafiador, mas também que precisa de mais ensaios do que os outros para se sentir confortável com uma nova habilidade. Assim, ela focou em desenvolver paciência com o seu próprio ritmo de progresso.
- Um aprendiz notou que consegue adquirir novas habilidades muito rapidamente, com apenas algumas repetições. No entanto, também notou que suas reações às declarações evocativas do cliente podem surgir muito rapidamente e de forma imprevisível das categorias de "bom desafio" até "muito difícil", portanto, ele precisa de prestar atenção às reações listadas no Formulário de reação à prática deliberada.
- Uma aprendiz se descreveu como "perfeccionista" e sentiu uma forte necessidade de "se forçar" a realizar um exercício, mesmo quando tinha reações de ansiedade na categoria "muito difícil", como náuseas e dissociação. Isso fez com que ela não se beneficiasse com os exercícios e potencialmente ficasse desanimada. Ela se concentrou em ir mais devagar, em desenvolver autocompaixão em relação às suas reações de ansiedade e em pedir aos seus parceiros de treino para tornarem os *role-plays* menos desafiadores.

Os aprendizes são encorajados a refletir profundamente sobre suas próprias experiências usando os exercícios, para que possam aprender mais sobre si e sobre seus processos pessoais de aprendizagem.

Ludicidade e fazer pausas

A psicoterapia é um trabalho sério que frequentemente envolve sentimentos dolorosos. No entanto, a prática da psicoterapia pode ser lúdica e divertida (Scott Miller, comunicação pessoal, 2017). Os aprendizes devem lembrar que um dos principais objetivos da prática deliberada é experimentar diferentes abordagens e estilos de terapia. Se a prática deliberada parecer mecânica, monótona ou rotineira, isso provavelmente não vai ajudar a desenvolver as habilidades. Nesse caso, os aprendizes devem tentar torná-la animada. Uma boa maneira de fazer isso é introduzindo uma atmosfera de ludicidade. Por exemplo, podem tentar o seguinte:

- Usar diferentes tons de voz, ritmo de discurso, gestos corporais ou outras línguas. Isso pode expandir o leque de comunicação.
- Praticar simulando que é cego (com uma venda) ou surdo. Isso pode aumentar a sensibilidade dos outros sentidos.
- Praticar de pé ou andando em ambiente externo. Isso pode ajudar a obter novas perspectivas sobre o processo de terapia.

O supervisor também pode perguntar aos aprendizes se eles gostariam de fazer uma pausa de 5 a 10 minutos entre as perguntas, especialmente se estiverem lidando com emoções difíceis e se sentindo estressados.

Oportunidades adicionais de prática deliberada

Este livro concentra-se em métodos de prática deliberada que envolvem um engajamento ativo e ao vivo entre os aprendizes e um supervisor. É importante ressaltar que a prática deliberada pode se estender para além dessas sessões de treino focado e ser utilizada como tarefa de casa. Por exemplo, um aprendiz pode ler os estímulos do cliente em silêncio ou em voz alta e praticar suas respostas de forma independente entre as sessões com um supervisor. Em tais casos, é importante que diga as suas respostas como terapeuta em voz alta, em vez de ensaiar silenciosamente. Ou então, dois aprendizes podem praticar em dupla, sem o supervisor. Embora a ausência de um supervisor limite uma fonte de *feedback*, o colega que está fazendo o papel de cliente pode desempenhar essa função, assim como acontece quando um supervisor está presente. Essas oportunidades adicionais de prática deliberada devem ocorrer entre as sessões de treino focado com um supervisor. Para otimizar a qualidade da prática deliberada quando conduzida de forma independente ou sem um supervisor, desenvolvemos um Formulário diário da prática deliberada que pode ser encontrado no Apêndice B ou cujo *download* está disponível no material complementar do livro em loja.grupoa.com.br. Esse formulário fornece um modelo para o aprendiz registrar a sua experiência da atividade de prática deliberada e, idealmente, ajudará na consolidação da aprendizagem. Ele pode ser utilizado como parte do processo de avaliação com o supervisor, mas não se destina necessariamente a esse fim, e os aprendizes certamente são bem-vindos para trazer a sua experiência com a prática independente para a reunião seguinte com o supervisor.

Monitoramento dos resultados do treino

Embora os instrutores avaliem os aprendizes usando um modelo centrado nas competências, os aprendizes são também encorajados a se apropriarem do próprio processo de treinamento e a procurarem eles próprios os resultados da prática deliberada. Eles devem experienciar os resultados da prática deliberada no espaço de algumas sessões de treino. A falta de resultados pode ser desanimadora para os aprendizes e pode fazer com que eles apliquem menos esforço e foco na prática deliberada. Aqueles que não estão vendo resultados devem discutir abertamente esse problema com seu instrutor e experimentar ajustar o seu processo de prática deliberada. Os efeitos disso podem incluir os resultados dos clientes e a melhoria do próprio trabalho do aprendiz como terapeuta, seu desenvolvimento pessoal e seu treinamento em geral.

Resultados dos clientes

O ganho mais importante da prática deliberada é uma melhora nos resultados dos clientes dos aprendizes. Isso pode ser avaliado pela medição rotineira dos resultados (Lambert, 2010; Prescott et al., 2017), pelos dados qualitativos (McLeod, 2017) e pelas discussões informais com os clientes. No entanto, os aprendizes devem levar em conta que uma melhora no resultado dos clientes devido à prática deliberada pode, por vezes, ser difícil de atingir rapidamente, já que a maior parte da variação no resultado se deve às variáveis dos clientes (Bohart & Wade, 2013). Por exemplo, um cliente com sintomas crônicos graves pode não responder rapidamente a qualquer tratamento, independentemente da eficácia da prática. Para alguns clientes, um aumento da paciência e da autocompaixão em relação aos seus sintomas pode ser um sinal de progresso, em vez de uma diminuição imediata dos sintomas. Assim, os aprendizes são aconselhados a manter realistas as suas expectativas quanto à mudança do cliente no contexto dos sintomas, história e apresentação do cliente. É importante que não tentem forçar seus clientes a melhorar na terapia para que eles sintam que estão fazendo progresso no seu treinamento (Rousmaniere, 2016).

O trabalho do aprendiz como terapeuta

Um resultado importante da prática deliberada é a mudança interna do aprendiz, no que diz respeito ao seu trabalho com os clientes. Por exemplo, os aprendizes nos locais de teste relataram que se sentiam mais confortáveis ao sentar-se com clientes evocativos, mais confiantes ao abordar tópicos desconfortáveis na terapia e mais receptivos a uma gama mais ampla de clientes.

Desenvolvimento pessoal do aprendiz

Outro resultado importante da prática deliberada é o crescimento pessoal do aprendiz. Por exemplo, os aprendizes nos locais de teste referiram ter entrado mais em contato com seus próprios sentimentos, ter aumentado a autocompaixão e reforçado a motivação para trabalhar com um leque mais variado de clientes.

Processo de treinamento do aprendiz

Outro resultado valioso da prática deliberada é a melhoria do processo de treinamento. Por exemplo, os aprendizes nos locais de teste relataram ter-se tornado mais conscientes do seu estilo pessoal de treinamento, preferências, pontos fortes e desafios. Com o tempo, os aprendizes devem passar a se sentir mais donos do seu processo de treinamento. Recomenda-se, também, que o treinamento para ser um psicoterapeuta seja um processo complexo que ocorre ao longo de muitos anos. Os terapeutas experientes e especializados ainda relatam que continuam a crescer muito depois dos seus anos de formação (Orlinsky & Ronnestad, 2005). Além disso, o treinamento não é um processo linear.

Aliança aprendiz-instrutor: monitoramento de reações complexas em relação ao instrutor

É comum que os aprendizes que se engajam em prática deliberada difícil frequentemente relatem sentimentos complexos em relação ao seu instrutor. Por exemplo, um aprendiz disse: "Eu sei que a prática está ajudando, mas também não estou ansioso para praticar!". Outro referiu que sentia simultaneamente apreço e frustração em relação ao seu instrutor. Eles são aconselhados a lembrarem-se do treino intensivo que fizeram em outras áreas, como atletismo ou música. Quando um instrutor leva um aprendiz até o limite das suas capacidades, é comum que tenham reações complexas em relação a ele.

Isso não significa necessariamente que o instrutor esteja fazendo algo de errado. De fato, o treino intensivo inevitavelmente suscita reações em relação ao instrutor, como frustração, aborrecimento, decepção ou raiva, que coexistem com o reconhecimento que sentem. Na verdade, se os aprendizes não experimentarem reações complexas, vale a pena ponderar se a prática deliberada é suficientemente desafiadora. Mas o que afirmamos anteriormente sobre o direito à privacidade também se aplica aqui. Como o treino do profissional de saúde mental é hierárquico e avaliativo, os instrutores não devem exigir ou mesmo esperar que os aprendizes compartilhem reações complexas que possam estar sentindo em relação a eles. Os instrutores devem estar abertos para esse compartilhamento, mas a escolha sempre cabe ao aprendiz.

Terapia do próprio aprendiz

Quando se engajam na prática deliberada, muitos descobrem aspectos do seu mundo interno que podem se beneficiar se eles se submeterem à sua própria psicoterapia. Por exemplo, um aprendiz descobriu que a raiva dos seus clientes despertava suas próprias memórias dolorosas de abuso; outro percebeu que estava se dissociando enquanto praticava habilidades de empatia; e outro sentiu uma vergonha e autojulgamento avassaladores quando não conseguiu dominar as habilidades depois de apenas algumas repetições.

Embora essas descobertas tenham sido inquietantes no início, acabaram sendo benéficas porque motivaram os aprendizes a procurar sua própria terapia. Muitos terapeutas se submetem à sua própria terapia. De fato, Norcross e Guy (2005) descobriram na sua revisão de 17 estudos que cerca de 75% dos mais de 8 mil terapeutas participantes fizeram a sua própria terapia. Orlinsky e Ronnestad (2005) descobriram que mais de 90% dos terapeutas que fizeram sua própria terapia a consideraram útil.

PERGUNTAS PARA OS APRENDIZES

1. Você está equilibrando o esforço para melhorar suas habilidades com paciência e autocompaixão pelo seu processo de aprendizagem?
2. Você está prestando atenção a qualquer vergonha ou autojulgamento que esteja surgindo a partir do treinamento?
3. Você está atento aos seus limites pessoais e respeitando quaisquer sentimentos complexos que possa ter em relação aos seus instrutores?

Apêndice A

Avaliações e ajustes da dificuldade

A prática deliberada funciona melhor se os exercícios forem realizados com um bom desafio, que não seja nem muito difícil nem muito fácil. Para garantir que estão praticando com a dificuldade correta, os aprendizes devem fazer uma avaliação e o ajuste da dificuldade depois de concluído cada nível de declaração do cliente (iniciante, intermediário e avançado). Para isso, siga as seguintes instruções e o Formulário de reação à prática deliberada (Figura A.1), que também está disponível para *download* em loja.grupoa.com.br. **Não pule esse processo!**

COMO AVALIAR A DIFICULDADE

O terapeuta preenche o Formulário de reação à prática deliberada (Figura A.1). Se ele:

- Classificar a dificuldade do exercício acima de 8 ou tiver alguma das reações na coluna "Muito difícil", siga as instruções para tornar o exercício mais fácil.
- Classificar a dificuldade do exercício abaixo de 4 ou não tiver nenhuma das reações na coluna "Bom desafio", prossiga até o nível seguinte de declarações mais difíceis do cliente ou siga as instruções para tornar o exercício mais difícil.
- Classificar a dificuldade do exercício entre 4 e 8 e tiver pelo menos uma reação na coluna "Bom desafio", não prossiga para as afirmações mais difíceis do cliente, mas repita o mesmo nível.

Tornando as declarações do cliente mais fáceis

Se o terapeuta alguma vez classificar a dificuldade do exercício acima de 8 ou tiver alguma das reações na coluna "Muito difícil", use as declarações do cliente do próximo nível mais fácil (p. ex., se você estava usando declarações do cliente no nível avançado, mude para intermediário). Mas se você já estava usando declarações do cliente no nível iniciante, utilize os seguintes métodos para tornar as declarações ainda mais fáceis:

Pergunta 1: qual foi o grau de dificuldade para cumprir os critérios da habilidade para este exercício?

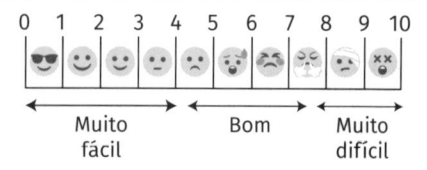

0 1 2 3 4 5 6 7 8 9 10

Muito fácil — Bom — Muito difícil

Pergunta 2: você teve alguma reação nas categorias "bom desafio" ou "muito difícil"? (sim/não)

Bom desafio			Muito difícil		
Emoções e pensamentos	Reações corporais	Impulsos	Emoções e pensamentos	Reações corporais	Impulsos
Vergonha, autojulgamento, irritação, raiva, tristeza, etc., manejáveis	Tensão corporal, suspiros, respiração superficial, frequência cardíaca aumentada, calor, boca seca	Desviar o olhar, afastar-se, mudar o foco	Vergonha severa ou devastadora, autojulgamento, tristeza, luto, culpa, etc.	Cefaleias, tontura, pensamento nebuloso, diarreia, dissociação, entorpecimento, apagão, náusea, etc.	Calar-se, desistir

Muito fácil	Bom desafio	Muito difícil
⬇	⬇	⬇
Prosseguir para o nível de dificuldade seguinte	Repetir o mesmo nível de dificuldade	Voltar para o nível de dificuldade anterior

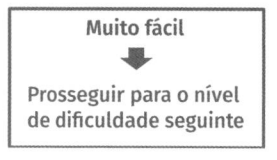

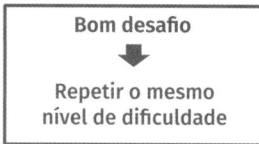

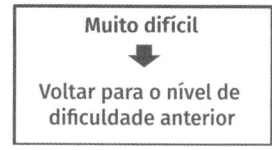

FIGURA A.1 Formulário de reação à prática deliberada.

Fonte: Deliberate Practice in Emotion-Focused Therapy (p. 180), R. N. Goldman, A. Vaz, e T. Rousmaniere, 2021, American Psychological Association (https://doi.org/10.1037/0000227-000).
Copyright 2021 by the American Psychological Association.

- A pessoa que faz o papel do cliente pode usar as mesmas declarações do cliente no nível iniciante, mas dessa vez com uma voz mais suave, mais calma e com um sorriso. Isso suaviza o tom emocional.
- O cliente pode improvisar com tópicos que sejam menos evocativos ou que deixem o terapeuta mais confortável, como falar sobre os tópicos sem expressar sentimentos, sobre o futuro/passado (evitando o aqui e agora) ou sobre qualquer tópico fora da terapia (veja a Figura A.2).
- O terapeuta pode fazer uma pequena pausa (5-10 minutos) entre as perguntas.
- O instrutor pode alargar a fase de *feedback*, discutindo a TE ou a teoria e pesquisa da psicoterapia. Isso deve mudar o foco dos aprendizes para tópicos mais distanciados ou intelectuais e reduzir a intensidade emocional.

Tornando as declarações do cliente mais difíceis

Se o terapeuta classificar a dificuldade do exercício abaixo de 4 ou se não teve nenhuma das reações na coluna "Bom desafio", prossiga para as declarações mais difíceis

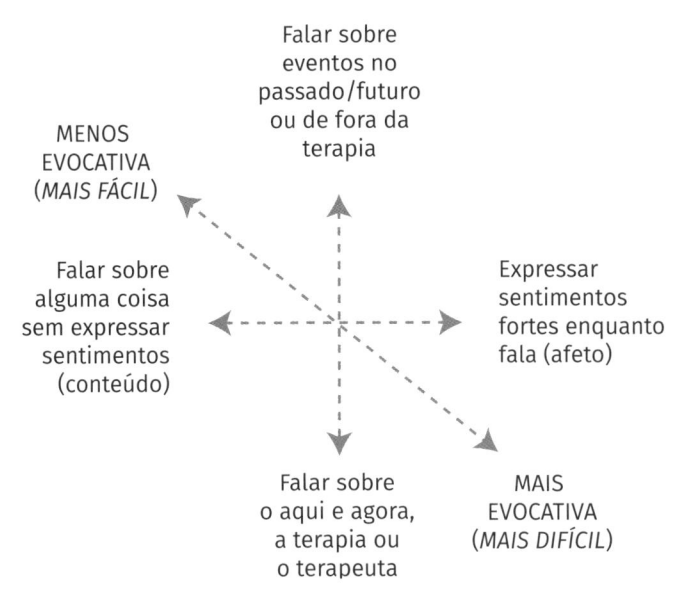

```
                    Falar sobre
                    eventos no
                    passado/futuro
                    ou de fora da
     MENOS          terapia
    EVOCATIVA
   (MAIS FÁCIL)
          ↖         ↑
   Falar sobre              Expressar
   alguma coisa             sentimentos
   sem expressar  ←---+---→ fortes enquanto
   sentimentos              fala (afeto)
   (conteúdo)
                    ↓         ↗
                    Falar sobre      MAIS
                    o aqui e agora,  EVOCATIVA
                    a terapia ou   (MAIS DIFÍCIL)
                    o terapeuta
```

FIGURA A.2 Como tornar as declarações dos clientes mais fáceis ou mais difíceis nos *role-plays*.

Fonte: criada por Jason Whipple, PhD.

do próximo nível. Se você já estava usando as declarações avançadas do cliente, o cliente deve tornar o exercício ainda mais difícil, usando as seguintes diretrizes:

- A pessoa que faz o papel do cliente pode usar as declarações avançadas do cliente novamente com uma voz mais estressada (p. ex., muito zangada, triste, sarcástica) ou com uma expressão facial desagradável. Isso deve aumentar o tom emocional.
- O cliente pode improvisar novas declarações com tópicos que sejam mais evocativos ou que deixem o terapeuta desconfortável, como expressar sentimentos fortes ou falar sobre o aqui e agora, sobre a terapia ou o terapeuta (veja a Figura A.2).

> **Nota**
>
> O objetivo de uma sessão de prática deliberada não é passar por todas as declarações do cliente e respostas do terapeuta, mas sim passar o máximo de tempo possível praticando no nível de dificuldade correto. Isso pode significar que os aprendizes repetem as mesmas declarações ou respostas muitas vezes, o que não é um problema, desde que a dificuldade permaneça no nível de "bom desafio".

Apêndice B

Formulário diário da prática deliberada

Para otimizar a qualidade da prática deliberada, desenvolvemos um Formulário diário da prática deliberada, cujo *download* está disponível no material complementar do livro em loja.grupoa.com.br. Esse formulário fornece um modelo para o aprendiz registar a sua experiência da atividade de prática deliberada e, esperamos, ajudará na consolidação da aprendizagem. Ele não deve ser utilizado como parte do processo de avaliação com o supervisor.

Formulário diário da prática deliberada

Utilize este formulário para consolidar aprendizagens dos exercícios de prática deliberada. Por favor, proteja seus limites pessoais compartilhando apenas informações que se sinta confortável para divulgar.

Nome: _____ Data: ____/____/____

Exercício: _____

Pergunta 1. O que foi útil ou funcionou bem nessa sessão de prática deliberada? Em que aspecto?

_____
_____
_____
_____
_____
_____
_____
_____

Pergunta 2. O que não foi útil ou não funcionou bem nessa sessão de prática deliberada? Em que aspecto?

_____
_____
_____
_____
_____
_____
_____
_____

Pergunta 3. O que você aprendeu sobre si mesmo, sobre suas habilidades atuais e sobre as habilidades que gostaria de continuar melhorando? Sinta-se à vontade para compartilhar detalhes, mas apenas aqueles que se sinta confortável para divulgar.

_____
_____
_____
_____
_____
_____
_____

Apêndice C

Visão geral dos conceitos da terapia do esquema*

Para tirar o máximo proveito dos exercícios deste livro, o desenvolvimento das habilidades dos aprendizes deve ser integrado ao conhecimento da teoria da TE, abordagem abrangente em que as intervenções dos terapeutas são orientadas por uma conceitualização de caso que se baseia em vários conceitos. Assim, o conhecimento desses conceitos e da sua relação entre si é essencial para proporcionar uma TE eficaz. Este apêndice fornece uma visão geral de alguns dos principais conceitos da TE. Recomendamos que os aprendizes os estudem e reflitam sobre a sua importância para a prática clínica e, mais especificamente, para a sua relação com as habilidades praticadas neste livro.

ASSOCIAÇÃO ENTRE NECESSIDADES BÁSICAS DA INFÂNCIA NÃO ATENDIDAS E ESQUEMAS INICIAIS DESADAPTATIVOS

A seguir, apresentamos uma lista de necessidades básicas não atendidas, cada uma das quais corresponde a um conjunto de esquemas iniciais desadaptativos.

Necessidades básicas da infância não atendidas
1. Apego seguro: amor, validação, proteção, aceitação
2. Livre expressão das emoções e necessidades
3. Ludicidade, espontaneidade
4. Autonomia, competência, senso de identidade
5. Limites realistas, autocontrole

Esquemas iniciais desadaptativos
1. Desconexão e rejeição
    - Privação emocional

---

* Dados de Farrell e Shaw (2018).

- Defectividade/vergonha
- Desconfiança/abuso
- Isolamento social/alienação
- Abandono/instabilidade
2. Direcionamento para o outro
    - Busca de aprovação/busca de reconhecimento
    - Subjugação
    - Autossacrifício
3. Hipervigilância e inibição
    - Negativismo/pessimismo
    - Inibição emocional
    - Padrões inflexíveis
    - Punição
4. Autonomia e desempenho prejudicados
    - Emaranhamento/*self* subdesenvolvido
    - Fracasso
    - Vulnerabilidade ao dano ou à doença
    - Dependência/incompetência
5. Limites prejudicados
    - Autocontrole/autodisciplina insuficiente
    - Arrogo/grandiosidade

Descrições dos modos esquemáticos

- **Modos saudáveis:** modos de funcionamento adaptativo associados a uma sensação de realização e bem-estar
    - Criança feliz
    - Adulto saudável

- **Modos críticos internalizados exigentes/punitivos:** aspectos negativos internalizados dos primeiros cuidadores. Inclui mensagens punitivas e duras (crítico punitivo) e o estabelecimento de expectativas e padrões inatingíveis (crítico exigente)
    - Crítico punitivo
    - Crítico exigente

- **Modos de enfrentamento desadaptativo:** estratégias de sobrevivência utilizadas em excesso que são ativadas quando os esquemas relacionados com o trauma e as necessidades não atendidas são ativados. Incluem fuga (evitação), luta (hipercompensação) e paralisação (rendição)
    - Protetor evitativo
    - Hipercompensador
    - Capitulador complacente

- **Modos criança:** reações desencadeadas por esquemas na idade adulta relacionadas a necessidades não atendidas na infância
  - Criança vulnerável
  - Criança impulsiva ou indisciplinada
  - Criança zangada

NECESSIDADES BÁSICAS DA INFÂNCIA NÃO ATENDIDAS E SEUS MODOS ESQUEMÁTICOS ASSOCIADOS

- Falta de apego seguro
  - **Criança vulnerável:** experiência de solidão intensa, medo, ansiedade e tristeza
- Falta de validação dos sentimentos e necessidades, de orientação, de autocontrole e de limites realistas
  - **Criança zangada:** raiva devido à percepção de tratamento injusto ou de necessidades não atendidas
  - **Criança impulsiva/indisciplinada:** age de forma reativa segundo os desejos pessoais, sem considerar as necessidades ou os limites dos outros
- Rejeição e supressão de qualquer necessidade básica, em particular amor, validação, elogio, aceitação e orientação
  - **Crítico punitivo:** pune duramente e rejeita a si próprio
  - **Crítico exigente:** pressiona a si mesmo para atingir expectativas excessivamente altas
- Qualquer necessidade não atendida na infância pode produzir modos de enfrentamento desadaptativo
  - **Protetor evitativo:** rompe as conexões relacionais, isola-se, evita fisicamente, afasta-se, dissocia-se
  - **Hipercompensador:** faz o oposto do esquema inicial desadaptativo como um estilo de enfrentamento para contra-atacar e controlar; pode ser adaptativo por vezes (p. ex., hipercontrolador perfeccionista no trabalho)
  - **Capitulador complacente:** age como se o esquema fosse verdadeiro, rendendo-se a ele. Por exemplo, no esquema de defectividade/vergonha, desiste e aceita-se como sem valor
- Qualquer necessidade não atendida na infância pode levar a um modo adulto saudável subdesenvolvido
  - **Adulto saudável (subdesenvolvido):** atende às suas necessidades de forma saudável e madura, desfrutando de prazeres, mantendo laços saudáveis e cumprindo os requisitos da vida adulta

Apêndice D

Exemplo de programa da terapia do esquema com exercícios de prática deliberada incluídos

Este apêndice apresenta um exemplo de curso de um semestre, com três unidades, dedicado ao ensino da TE. Esse curso é apropriado para estudantes de pós-graduação (mestrado e doutorado) em todos os níveis de formação, incluindo estudantes do primeiro ano que ainda não trabalharam com clientes. Apresentamos como um modelo que pode ser adaptado aos contextos e necessidades de um programa específico. Por exemplo, os instrutores podem utilizar partes do modelo em outros cursos, em práticas, em eventos de treinamento didático em diferentes tipos de estágios, em *workshops* e na educação continuada de terapeutas pós-graduados.

Título do curso: terapia do esquema: teoria e prática deliberada

Descrição do curso
Este curso ensina a teoria, os princípios e as habilidades fundamentais da TE. Como um curso com elementos didáticos e práticos, examinará o modelo teórico da TE e seu processo de mudança, o estilo do terapeuta e a intervenção de reparentalização limitada, e a pesquisa de resultados do tratamento que apoiam a eficácia da abordagem da TE, e irá promover o uso da prática deliberada para permitir que os alunos adquiram habilidades-chave da TE.

Objetivos do curso
Os alunos que concluírem este curso serão capazes de fazer o seguinte:

1. Descrever a teoria, os conceitos e as habilidades fundamentais da TE.
2. Aplicar os princípios da prática deliberada para o desenvolvimento de habilidades clínicas ao longo da carreira.
3. Demonstrar as 12 habilidades-chave da TE.
4. Explicar os problemas atuais dos clientes em termos de TE.
5. Desenvolver a tarefa de casa do cliente correspondente a cada sessão.

Data	Aula e discussão	Laboratório de habilidades	Tarefa de casa*
Semana 1	Introdução à TE: teoria, história e pesquisa sobre os resultados	Aula sobre os princípios da prática deliberada; pesquisa sobre a prática deliberada	**Ler antes da semana 1:** Behary et al. (2023, Capítulo 1); Young et al. (2003, Capítulo 1, pp. 1–62) **Leitura opcional antes da semana 1:** Edwards & Arntz (2012, Capítulo 1, pp. 3–26); Farrell & Shaw (2022) **Tarefa de casa da semana 1 (para a próxima aula):** Young et al. (2003, Capítulo 6, pp. 177–220); Roediger et al. (2018, Capítulo 5, pp. 83–107)
Semana 2	Desenvolvendo uma aliança de trabalho; vinculação e regulação emocional	Exercício 1: Compreensão e sintonia	Roediger et al. (2018, Capítulo 7, pp. 125–142); Farrell & Shaw (2018, Módulos 12 e 20)
Semana 3	O modo adulto saudável; foco no acesso e apoio aos pontos fortes e capacidades do cliente	Exercício 2: Apoiando e fortalecendo o modo adulto saudável	Young et al. (2003, Capítulos 2 e 3, pp. 63–99)
Semana 4	Introdução aos esquemas iniciais desadaptativos e seu papel nos problemas atuais	Exercício 3: Educação sobre esquemas: começando a entender os problemas atuais em termos da terapia do esquema	Young et al. (2003, Capítulo 7, pp. 207–270); Farrell & Shaw (2018, Módulo 6)
Semana 5	Conceitos básicos da etiologia dos problemas psicológicos no modelo da TE	Exercício 4: Relacionando necessidades não atendidas, esquema e problema atual	Young et al. (2018, Capítulo 8, pp. 271–305); Roediger et al. (2018, Capítulo 4, pp. 57–82)
Semana 6	Identificando o papel dos modos críticos internalizados exigente/punitivo nos problemas atuais	Exercício 5: Educação sobre modos esquemáticos desadaptativos	Farrell et al. (2014, pp. 95–98, 267–280); Farrell & Shaw (2018, Módulo 8)
Semana 7	Consciência dos modos para os modos de enfrentamento desadaptativo	Exercício 6: Reconhecendo as mudanças de modo dos modos de enfrentamento desadaptativo	Farrell et al. (2014, pp. 99–102); Farrell & Shaw (2018, Módulo 10)

(Continua)

* A tarefa de casa é para a próxima aula. As citações incluídas estão localizadas na seção Leituras obrigatórias.

(Continuação)

Data	Aula e discussão	Laboratório de habilidades	Tarefa de casa*
Semana 8	Consciência dos modos para o modo crítico internalizado exigente/punitivo	Exercício 7: Identificando a presença do modo crítico internalizado exigente/punitivo	Farrell et al. (2014, pp. 103–110); Young et al. (2003, Capítulos 1 & 2, pp. 4–76); Farrell & Shaw (2018, Módulo 5)
Semana 9	Conceitualização de caso 1 (plano de análise do problema e mapa dos modos), autoavaliação, autorreflexão	Exercício 14: Sessões de terapia do esquema simuladas	Farrell et al. (2014, pp. 292–316); Farrell & Shaw (2018, Módulos 14 & 15)
Semana 10	Consciência dos modos para os modos criança zangada e criança vulnerável	Exercício 8: Identificando a presença dos modos criança zangada e criança vulnerável	Farrell et al. (2014, pp. 10–15); Roediger et al. (2018, pp. 119–122)
Semana 11	Reparentalização limitada, experiências emocionais corretivas para os modos criança	Exercício 9: Reparentalização limitada para os modos criança zangada e criança vulnerável	Farrell et al. (2014, pp. 280–291); Farrell & Shaw (2018, Módulo 11); Behary (2021, Capítulos 7 e 9); Behary (2020, pp. 227–237)
Semana 12	Reparentalização limitada para desafiar o modo crítico internalizado exigente/punitivo	Exercício 10: Reparentalização limitada para o modo crítico internalizado exigente/punitivo	Roediger et al. (2018, pp. 112–119); Farrell et al. (2014, pp. 267–280); Behary & Dieckmann (2013, Capítulo 17)
Semana 13	Confrontação empática	Exercício 11: Reparentalização limitada para os modos de enfrentamento desadaptativo: confrontação empática	Young et al. (2003, Capítulo 5, pp. 146–176); Farrell & Shaw (2018, Módulo 11)
Semana 14	Manejo dos modos e quebra de padrões comportamentais	Exercício 12: Implementando a quebra de padrões comportamentais por meio de tarefas de casa	Exemplo da International Society of Schema Therapy (ISST) de conceitualização de caso
Semana 15	Conceitualização de caso 2, prova final, autoavaliação, *feedback* do treino de habilidades, autorreflexão	Exercício 13: Transcrição anotada de sessão de prática de terapia do esquema	Nenhuma

---

* A tarefa de casa é para a próxima aula. As citações incluídas estão localizadas na seção Leituras obrigatórias.

Formato das aulas

As aulas têm 3 horas de duração. O tempo do curso é dividido igualmente entre a aprendizagem da teoria e a aquisição de habilidades:

Aula expositiva/discussão: a cada semana, haverá uma aula expositiva/discussão de 1 hora e meia, focando na teoria da TE e na pesquisa relacionada.

Laboratório de habilidades da TE: a cada semana haverá um laboratório de habilidades da TE, com 1 hora e meia de duração. Os laboratórios de habilidades são para praticar as habilidades da TE usando os exercícios deste livro. Os exercícios utilizam simulações de terapia (*role-plays*) com os seguintes objetivos:

1. desenvolver a habilidade e a confiança dos aprendizes para usar as habilidades da TE com clientes reais;
2. proporcionar um espaço seguro para a experimentação de diferentes intervenções terapêuticas, sem medo de cometer erros;
3. proporcionar muitas oportunidades para explorar e "experimentar" diferentes estilos de terapia, de modo que os aprendizes possam, em última análise, descobrir seu estilo de terapia pessoal e único.

Sessões simuladas: uma vez durante o semestre (Semana 9), os aprendizes farão uma sessão de psicoterapia simulada no laboratório de habilidades da TE. Em contraste com os exercícios de prática deliberada altamente estruturados e repetitivos, uma sessão de psicoterapia simulada é dramatizada, não estruturada e improvisada. As sessões simuladas permitem aos aprendizes

1. praticar o uso das habilidades da TE de forma responsiva;
2. experimentar a tomada de decisão clínica em um contexto sem roteiro;
3. descobrir seu estilo terapêutico pessoal;
4. desenvolver resistência para trabalhar com clientes reais.

Tarefa de casa

As tarefas de casa serão designadas todas as semanas e incluirão leitura, 1 hora de prática de habilidades com um parceiro de prática designado e, ocasionalmente, tarefas escritas. Para a tarefa de casa de prática de habilidades, os aprendizes repetirão o exercício que fizeram no laboratório de habilidades da TE nessa semana. Como o instrutor não estará presente para avaliar o desempenho, os aprendizes deverão preencher sozinhos o Formulário de reação à prática deliberada, bem como o Formulário diário de prática deliberada, como forma de autoavaliação.

Tarefas de conceitualização de caso

Os alunos devem realizar duas conceitualizações de caso: uma na metade do semestre e outra no último dia de aula. Estas devem ser baseadas nos casos de terapia dos aprendizes com clientes reais.

Vulnerabilidade, privacidade e limites

Este curso tem como objetivo desenvolver habilidades em TE, autoconsciência e habilidades interpessoais em um enquadramento experimental relevante para o trabalho clínico. Não é uma psicoterapia ou um substituto para a psicoterapia. Os alunos devem interagir em um nível de autorrevelação que seja pessoalmente confortável e útil para sua própria aprendizagem. Embora a tomada de consciência dos processos emocionais e psicológicos internos seja necessária para o desenvolvimento de um terapeuta, não é necessário revelar toda essa informação ao instrutor. É importante que os alunos percebam seu próprio nível de segurança e privacidade. Eles não são avaliados segundo o nível do material que escolhem revelar na aula.

De acordo com os *Princípios éticos e código de conduta dos psicólogos* (American Psychological Association, 2017), **os alunos não são obrigados a divulgar informações pessoais**. Como esta aula é sobre o desenvolvimento de competências interpessoais e TE, apresentamos a seguir alguns pontos importantes para que os alunos estejam plenamente informados quando fizerem escolhas de autorrevelação:

- Os alunos escolhem quanto, quando e o que querem divulgar, não sendo penalizados pela opção de não compartilhar informações pessoais.
- O ambiente de aprendizagem é suscetível a dinâmicas de grupo, assim como qualquer outro espaço de grupo, por isso, pode ser pedido aos alunos que compartilhem suas observações e experiências do ambiente da aula com o objetivo único de promover um ambiente de aprendizagem mais inclusivo e produtivo.

Confidencialidade

Para criar um ambiente de aprendizagem seguro que respeite as informações e a diversidade do cliente e do terapeuta e estimule conversas abertas e vulneráveis nas aulas, os alunos devem concordar com o sigilo estrito, dentro e fora do ambiente de instrução.

Avaliação

Autoavaliação: no final do semestre (Semana 15), os aprendizes farão uma autoavaliação. Isso os ajudará a acompanhar seus progressos e a identificarem áreas a serem mais desenvolvidas.

Critérios de classificação

Conforme projetado, os alunos serão responsáveis pelo nível e a qualidade do seu desempenho

- nas aulas de discussão;
- no laboratório de habilidades (exercícios e sessões simuladas);
- nas tarefas de casa;
- nas conceitualizações de caso na metade e no final do semestre.

Leituras obrigatórias

Behary, W. T. (2020). The art of empathic confrontation and limit-setting. In G. Heath & H. Startup (Eds.), *Creative methods in schema therapy: Advances and innovation in clinical practice* (pp. 227–236). Routledge.

Behary, W. (2021). *Disarming the narcissist* (3rd ed.). New Harbinger Publications.

Behary, W. T., & Dieckmann, E. (2013). Schema therapy for pathological narcissism: The art of adaptive reparenting. In J. S. Ogrodniczuk (Ed.), *Understanding and treating pathological narcissism* (pp. 285–300). American Psychological Association.

Behary, W. T., Farrell, J. M., Vaz, A., & Rousmaniere, T. (2023). *Deliberate practice in schema therapy*. American Psychological Association. https://doi.org/10.1037/0000326-000

Farrell, J. M., Reiss, N., & Shaw, I. A. (2014). *The schema therapy clinician's guide: A complete resource for building and delivering individual, group and integrated schema mode treatment programs*. John Wiley & Sons. https://doi.org/10.1002/9781118510018

Farrell, J. M., & Shaw, I. A. (2018). *Experiencing schema therapy from the inside out: A self-practice/self-reflection workbook for therapists*. Guilford Press.

Roediger, E., Stevens, B. A., & Brockman, R. (2018). *Contextual schema therapy*. New Harbinger Publications.

Young, J. E., Klosko, J. S. & Weishaar, M. E. (2003). *Schema therapy: A practitioner's guide*. Guilford Press.

Leituras sugeridas

Behary, W. (2012). Schema therapy for narcissism: A case study. In M. van Vreeswijk, J. Broersen, & M. Nadort (Eds.), *The Wiley-Blackwell handbook of schema therapy: Theory, research, and practice* (pp. 81–90). Wiley-Blackwell.

Behary, W., & Dieckmann, E. (2011). Schema therapy for narcissism: The art of empathic confrontation, limit-setting, and leverage. In W. K. Campbell & J. D. Miller (Eds.), *The handbook of narcissism and narcissistic personality disorder: Theoretical approaches, empirical findings, and treatments* (pp. 445–456). John Wiley & Sons.

Edwards, D., & Arntz, A. (2012). Schema therapy in historical perspective. In M. van Vreeswijk, J. Broersen, & M. Nadort (Eds.), *The Wiley-Blackwell handbook of schema therapy: Theory, research, and practice* (pp. 3–26). Wiley-Blackwell. https://doi.org/10.1002/ 9781119962830.ch1

Farrell, J., & Shaw, I. A. (2022). Schema therapy: Conceptualization and treatment of person- ality disorders. In S. K. Huprich (Ed.), *Personality disorders and pathology: Integrating clinical assessment and practice in the DSM-5 and ICD-11 era* (pp. 281–304). American Psychological Association. https://doi.org/10.1037/0000310-013

Rafaeli, E., Bernstein, D. P., & Young, J. (2010). *Schema therapy: Distinctive features*. Routledge. https://doi.org/10.4324/9780203841709

Referências

American Psychological Association. (2017). *Ethical principles of psychologists and code of conduct* (2002, Amended June 1, 2010, and January 1, 2017). https://www.apa.org/ethics/code/index.aspx

Anderson, T., Ogles, B. M., Patterson, C. L., Lambert, M. J., & Vermeersch, D. A. (2009). Therapist effects: Facilitative interpersonal skills as a predictor of therapist success. *Journal of Clinical Psychology*, 65(7), 755–768. https://doi.org/10.1002/jclp.20583

Arntz, A. (1994). Borderline personality disorder. In A. T. Beck, A. Freeman, & D. D. Davis (Eds.), *Cognitive therapy for personality disorders* (pp. 187–215). Guilford Press.

Bailey, R. J., & Ogles, B. M. (2019, August 1). Common factors as a therapeutic approach: What is required? *Practice Innovations*, 4(4), 241–254. https://doi.org/10.1037/pri0000100

Bamelis, L. L., Evers, S. M., Spinhoven, P., & Arntz, A. (2014). Results of a multicenter randomized controlled trial of the clinical effectiveness of schema therapy for personality disorders. *The American Journal of Psychiatry*, 171(3), 305–322. https://doi.org/10.1176/appi.ajp.2013.12040518

Barlow, D. H. (2010). Negative effects from psychological treatments: A perspective. *American Psychologist*, 65(1), 13–20. https://doi.org/10.1037/a0015643

Behary, W. T. (2008). *Disarming the narcissist: Surviving and thriving with the self-absorbed*. New Harbinger Publications.

Behary, W. T. (2020). The art of empathic confrontation and limit-setting. In G. Heath & H. Startup (Eds.), *Creative methods in schema therapy: Advances and innovation in clinical practice*. Routledge.

Behary, W. T. (2021). *Disarming the narcissist: Surviving and thriving with the self-absorbed* (3rd ed.). New Harbinger Publications.

Behary, W. T., & Dieckmann, E. (2013). Schema therapy for pathological narcissism: The art of adaptive reparenting. In J. S. Ogrodniczuk (Ed.), *Understanding and treating pathological narcissism* (pp. 285–300). American Psychological Association.

Behary, W. T., Farrell, J. M., Vaz, A., & Rousmaniere, T. (2023). *Deliberate practice in schema therapy*. American Psychological Association. https://doi.org/10.1037/0000326-000

Bennett-Levy, J. (2019). Why therapists should walk the talk: The theoretical and empirical case for personal practice in therapist training and professional development. *Journal *of Behavior Therapy and Experimental Psychiatry, 62,* 133–145. https://doi.org/10.1016/j.jbtep.2018.08.004

Bennett-Levy, J., & Finlay-Jones, A. (2018). The role of personal practice in therapist skill development: A model to guide therapists, educators, supervisors and researchers. *Cognitive Behaviour Therapy, 47*(3), 185–205. https://doi.org/10.1080/16506073.2018.1434678

Bohart, A. C., & Wade, A. G. (2013). The client in psychotherapy. In M. J. Lambert (Ed.), *Bergin and Garfield's handbook of psychotherapy and behavior change* (6th ed., pp. 219–257). John Wiley & Sons.

Bugatti, M., & Boswell, J. F. (2016). Clinical errors as a lack of context responsiveness. *Psychotherapy: Theory, Research, & Practice, 53*(3), 262–267. https://doi.org/10.1037/pst0000080

Cassidy, J., & Shaver, P. R. (Eds.). (1999). *Handbook of attachment: Theory, research, and clinical applications* (pp. 21–43). Guilford Press.

Castonguay, L. G., Goldfried, M. R., Wiser, S., Raue, P. J., & Hayes, A. M. (1996). Predicting the effect of cognitive therapy for depression: A study of unique and common factors. *Journal of Consulting and Clinical Psychology, 64*(3), 497–504. https://doi.org/10.1037/0022-006X. 64.3.497

Coker, J. (1990). *How to practice jazz.* Jamey Aebersold.

Cook, R. (2005). *It's about that time: Miles Davis on and off record.* Atlantic Books.

Csikszentmihalyi, M. (1997). *Finding flow: The psychology of engagement with everyday life.* HarperCollins.

Edwards, D., & Arntz, A. (2012). Schema therapy in historical perspective. In M. van Vreeswijk, J. Broersen, & M. Nadort (Eds.), *The Wiley-Blackwell handbook of schema therapy: Theory, research, and practice* (pp. 3–26). Wiley-Blackwell. https://doi.org/10.1002/9781119962830.ch1

Ellis, M. V., Berger, L., Hanus, A. E., Ayala, E. E., Swords, B. A., & Siembor, M. (2014). Inadequate and harmful clinical supervision: Testing a revised framework and assessing occurrence. *The Counseling Psychologist, 42*(4), 434–472. https://doi.org/10.1177/0011000013508656

Ericsson, K. A. (2003). Development of elite performance and deliberate practice: An update from the perspective of the expert performance approach. In J. L. Starkes & K. A. Ericsson (Eds.), *Expert performance in sports: Advances in research on sport expertise* (pp. 49–83). Human Kinetics.

Ericsson, K. A. (2004). Deliberate practice and the acquisition and maintenance in medicine and related domains: Invited address. *Academic Medicine, 79,* S70–S81. https://doi.org/ 10.1097/00001888-200410001-00022

Ericsson, K. A. (2006). The influence of experience and deliberate practice on the development of superior expert performance. In K. A. Ericsson, N. Charness, P. J. Feltovich, & R. R. Hoffman (Eds.), *The Cambridge handbook of expertise and expert performance* (pp. 683–703). Cambridge University Press. https://doi.org/10.1017/CBO9780511816796.038

Ericsson, K. A., Hoffman, R. R., Kozbelt, A., & Williams, A. M. (Eds.). (2018). *The Cambridge handbook of expertise and expert performance* (2nd ed.). Cambridge University Press. https://doi.org/10.1017/9781316480748

Ericsson, K. A., Krampe, R. T., & Tesch-Römer, C. (1993). The role of deliberate practice in the acquisition of expert performance. *Psychological Review, 100*(3), 363–406. https://doi.org/10.1037/0033-295X.100.3.363

Ericsson, K. A., & Pool, R. (2016). *Peak: Secrets from the new science of expertise.* Houghton Mifflin Harcourt.

Farrell, J. M., Reiss, N., & Shaw, I. A. (2014). *The schema therapy clinician's guide: A complete resource for building and delivering individual, group and integrated schema mode treatment programs.* John Wiley & Sons. https://doi.org/10.1002/9781118510018

Farrell, J. M., & Shaw, I. A. (1994). Emotional awareness training: A prerequisite to effective cognitive-behavioral treatment of borderline personality disorder. *Cognitive and Behavioral Practice, 1*(1), 71–91. https://doi.org/10.1016/S1077-7229(05)80087-2

Farrell, J. M., & Shaw, I. A. (Eds.). (2012). *Group schema therapy for borderline personality disorder: A step-by-step treatment manual with patient workbook.* Wiley-Blackwell. https://doi.org/10.1002/9781119943167

Farrell, J. M., & Shaw, I. A. (2018). *Experiencing schema therapy from the inside out: A selfpractice/self-reflection workbook for therapists.* Guilford Press.

Farrell, J., & Shaw, I. A. (2022). Schema therapy: Conceptualization and treatment of personality disorders. In S. K. Huprich (Ed.), *Personality disorders and pathology: Integrating clinical assessment and practice in the DSM-5 and ICD-11 era* (pp. 281–304). American Psychological Association. https://doi.org/10.1037/0000310-013

Farrell, J. M., Shaw, I. A., & Webber, M. A. (2009). A schema-focused approach to group psychotherapy for outpatients with borderline personality disorder: A randomized controlled trial. *Journal of Behavior Therapy and Experimental Psychiatry, 40*(2), 317–328. https://doi.org/10.1016/j.jbtep.2009.01.002

Fisher, R. P., & Craik, F. I. M. (1977). Interaction between encoding and retrieval operations in cued recall. *Journal of Experimental Psychology: Human Learning and Memory, 3*(6), 701–711. https://doi.org/10.1037/0278-7393.3.6.701

Giesen-Bloo, J., van Dyck, R., Spinhoven, P., van Tilburg, W., Dirksen, C., van Asselt, T., Kremers, I., Nadort, M., Arntz, A., Nadort, M., & Arntz, A. (2006). Outpatient psychotherapy for borderline personality disorder: Randomized trial of schema-focused therapy vs transference-focused psychotherapy. *Archives of General Psychiatry, 63*(6), 649–658. https://doi.org/10.1001/archpsyc.63.6.649

Gladwell, M. (2008). *Outliers: The story of success.* Little, Brown & Company.

Goldberg, S. B., Babins-Wagner, R., Rousmaniere, T., Berzins, S., Hoyt, W. T., Whipple, J. L., Miller, S. D., & Wampold, B. E. (2016). Creating a climate for therapist improvement:

A case study of an agency focused on outcomes and deliberate practice. *Psychotherapy: Theory, Research, & Practice, 53*(3), 367–375. https://doi.org/10.1037/pst0000060

Goldberg, S., Rousmaniere, T. G., Miller, S. D., Whipple, J., Nielsen, S. L., Hoyt, W., & Wampold, B. E. (2016). Do psychotherapists improve with time and experience? A longitudinal analysis of outcomes in a clinical setting. *Journal of Counseling Psychology, 63*, 1–11. https://doi.org/ 10.1037/cou0000131

Goldman, R. N., Vaz, A., & Rousmaniere, T. (2021). *Deliberate practice in emotion-focused therapy*. American Psychological Association. https://doi.org/10.1037/0000227-000

Goodyear, R. K. (2015). Using accountability mechanisms more intentionally: A framework and its implications for training professional psychologists. *American Psychologist, 70*(8), 736–743. https://doi.org/10.1037/a0039828

Goodyear, R. K., & Nelson, M. L. (1997). The major formats of psychotherapy supervision. In C. E. Watkins, Jr. (Ed.), *Handbook of psychotherapy supervision*. Wiley.

Goodyear, R. K., & Rousmaniere, T. G. (2017). Helping therapists to each day become a little better than they were the day before: The expertise-development model of supervision and consultation. In T. G. Rousmaniere, R. Goodyear, S. D. Miller, & B. Wampold (Eds.), *The cycle of excellence: Using deliberate practice to improve supervision and training* (pp. 67–95). John Wiley & Sons. https://doi.org/10.1002/9781119165590.ch4

Goodyear, R. K., Wampold, B. E., Tracey, T. J., & Lichtenberg, J. W. (2017). Psychotherapy expertise should mean superior outcomes and demonstrable improvement over time. *The Counseling Psychologist, 45*(1), 54–65. https://doi.org/10.1177/0011000016652691

Haggerty, G., & Hilsenroth, M. J. (2011). The use of video in psychotherapy supervision. *British Journal of Psychotherapy, 27*(2), 193–210. https://doi.org/10.1111/j.1752-0118.2011.01232.x

Hatcher, R. L. (2015). Interpersonal competencies: Responsiveness, technique, and training in psychotherapy. *American Psychologist, 70*(8), 747–757. https://doi.org/10.1037/a0039803

Henry, W. P., Strupp, H. H., Butler, S. F., Schacht, T. E., & Binder, J. L. (1993). Effects of training in time-limited dynamic psychotherapy: Changes in therapist behavior. *Journal of Consulting and Clinical Psychology, 61*(3), 434–440. https://doi.org/10.1037/0022-006X.61.3.434

Hill, C. E., Kivlighan, D. M., III, Rousmaniere, T., Kivlighan, D. M., Jr., Gerstenblith, J., & Hillman, J. (2020). Deliberate practice for the skill of immediacy: A multiple case study of doctoral student therapists and clients. *Psychotherapy: Theory, Research, & Practice, 57*(4), 587–597. https://doi.org/10.1037/pst0000247

Hill, C. E., & Knox, S. (2013). Training and supervision in psychotherapy: Evidence for effective practice. In M. J. Lambert (Ed.), *Handbook of psychotherapy and behavior change* (6th ed., pp. 775–811). John Wiley & Sons.

Kendall, P. C., & Beidas, R. S. (2007). Smoothing the trail for dissemination of evidence--based practices for youth: Flexibility within fidelity. *Professional Psychology, Research and Practice, 38*(1), 13–19. https://doi.org/10.1037/0735-7028.38.1.13

Kendall, P. C., & Frank, H. E. (2018). Implementing evidence-based treatment protocols: Flexibility within fidelity. *Clinical Psychology: Science and Practice*, 25(4), e12271. https://doi.org/ 10.1111/cpsp.12271

Klerk, N. de, Abma, T. A., Bamelis, L. L., & Arntz, A. (2017). Schema therapy for personality disorders: A qualitative study of patients' and therapists' perspectives. *Behavioural and Cognitive Psychotherapy*, 45(1), 31–45. https://doi.org/10.1017/S1352465816000357

Koziol, L. F., & Budding, D. E. (2012). Procedural learning. In N. M. Seel (Ed.), *Encyclopedia of the sciences of learning* (pp. 2694–2696). Springer. https://doi.org/10.1007/978-1-4419-1428-6_670

Lambert, M. J. (2010). Yes, it is time for clinicians to monitor treatment outcome. In B. L. Duncan, S. C. Miller, B. E. Wampold, & M. A. Hubble (Eds.), *Heart and soul of change: Delivering what works in therapy* (2nd ed., pp. 239–266). American Psychological Association. https:// doi.org/10.1037/12075–008

Markman, K. D., & Tetlock, P. E. (2000). Accountability and close-call counterfactuals: The loser who nearly won and the winner who nearly lost. *Personality and Social Psychology Bulletin*, 26(10), 1213–1224. https://doi.org/10.1177/0146167200262004

McGaghie, W. C., Issenberg, S. B., Barsuk, J. H., & Wayne, D. B. (2014). A critical review of simulation-based mastery learning with translational outcomes. *Medical Education*, 48(4), 375–385. https://doi.org/10.1111/medu.12391

McLeod, J. (2017). Qualitative methods for routine outcome measurement. In T. G. Rousmaniere, R. Goodyear, D. D. Miller, & B. E. Wampold (Eds.), *The cycle of excellence: Using deliberate practice to improve supervision and training* (pp. 99–122). John Wiley & Sons. https://doi.org/ 10.1002/9781119165590.ch5

Norcross, J. C., & Guy, J. D. (2005). The prevalence and parameters of personal therapy in the United States. In J. D. Geller, J. C. Norcross, & D. E. Orlinsky (Eds.), *The psychotherapist's own psychotherapy: Patient and clinician perspectives* (pp. 165–176). Oxford University Press.

Norcross, J. C., Lambert, M. J., & Wampold, B. E. (2019). *Psychotherapy relationships that work* (3rd ed.). Oxford University Press.

Orlinsky, D. E., & Ronnestad, M. H. (2005). *How psychotherapists develop*. American Psychological Association.

Owen, J., & Hilsenroth, M. J. (2014). Treatment adherence: The importance of therapist flexibility in relation to therapy outcomes. *Journal of Counseling Psychology*, 61(2), 280–288. https://doi.org/10.1037/a0035753

Prescott, D. S., Maeschalck, C. L., & Miller, S. D. (Eds.). (2017). *Feedback-informed treatment in clinical practice: Reaching for excellence*. American Psychological Association. https:// doi.org/10.1037/0000039–000

Rafaeli, E., Bernstein, D. P., & Young, J. (2010). *Schema therapy: Distinctive features*. Routledge. https://doi.org/10.4324/9780203841709

Roediger, E., Stevens, B. A., & Brockman, R. (2018). *Contextual schema therapy*. New Harbinger Publications.

Rousmaniere, T. G. (2016). Deliberate practice for psychotherapists: A guide to improving clinical effectiveness. Routledge Press/Taylor & Francis. https://doi.org/10.4324/9781315472256

Rousmaniere, T. G. (2019). *Mastering the inner skills of psychotherapy: A deliberate practice handbook.* Gold Lantern Press.

Rousmaniere, T. G., Goodyear, R., Miller, S. D., & Wampold, B. E. (Eds.). (2017). *The cycle of excellence: Using deliberate practice to improve supervision and training.* John Wiley & Sons. https://doi.org/10.1002/9781119165590

Siegel, D. J. (1999). *The developing mind.* Guilford Press.

Smith, S. M. (1979). Remembering in and out of context. *Journal of Experimental Psychology: Human Learning and Memory, 5*(5), 460–471. https://doi.org/10.1037/0278-7393.5.5.460

Squire, L. R. (2004). Memory systems of the brain: A brief history and current perspective. *Neurobiology of Learning and Memory, 82*(3), 171–177. https://doi.org/10.1016/j.nlm.2004.06.005

Stiles, W. B., Honos-Webb, L., & Surko, M. (1998). Responsiveness in psychotherapy. *Clinical Psychology: Science and Practice, 5*(4), 439–458. https://doi.org/10.1111/j.1468-2850.1998.tb00166.x

Stiles, W. B., & Horvath, A. O. (2017). Appropriate responsiveness as a contribution to therapist effects. In L. G. Castonguay & C. E. Hill (Eds.), *How and why are some therapists better than others? Understanding therapist effects* (pp. 71–84). American Psychological Association. https://doi.org/10.1037/0000034-005

Taylor, J. M., & Neimeyer, G. J. (2017). Lifelong professional improvement: The evolution of continuing education: Past, present, and future. In T. G. Rousmaniere, R. Goodyear, S. D. Miller, & B. Wampold (Eds.), *The cycle of excellence: Using deliberate practice to improve supervision and training* (pp. 219–248). John Wiley & Sons.

Tracey, T. J. G., Wampold, B. E., Goodyear, R. K., & Lichtenberg, J. W. (2015). Improving expertise in psychotherapy. *Psychotherapy Bulletin, 50*(1), 7–13.

Wass, R., & Golding, C. (2014). Sharpening a tool for teaching: The zone of proximal development. *Teaching in Higher Education, 19*(6), 671–684. https://doi.org/10.1080/13562517.2014.901958

Younan, R., Farrell, J., & May, T. (2018). "Teaching me to parent myself": The feasibility of an in-patient group schema therapy programme for complex trauma. *Behavioural and Cognitive Psychotherapy, 46*(4), 463–478. https://doi.org/10.1017/S1352465817000698

Young, J. E. (1990). *Cognitive therapy for personality disorder: A schema focused approach.* Professional Resource Exchange.

Young, J. E., Klosko, J. S., & Weishaar, M. E. (2003). *Schema therapy: A practitioner's guide.* Guilford Press.

Zaretskii, V. (2009). The zone of proximal development: What Vygotsky did not have time to write. *Journal of Russian & East European Psychology, 47*(6), 70–93. https://doi.org/10.2753/ RPO1061-0405470604

Índice

A

Abertura, comunicação transmitindo, 28-29
Aceitação
 como conceito central, 9-10
 linguagem não verbal para transmitir, 109-110
 necessidades não atendidas afetadas pela, 58-59
 reparentalização limitada para abordar, 109-110
Adaptação, dos exercícios, 178-180
Adolescência
 bullying/provocação durante, 119
 necessidades não atendidas da, 110-111
Afeto
 ausência de, 58-59
 como conceito central, 9-10
Ajustes da dificuldade
 concluindo, 22-23
 contínuos, 179-180, 182-183, 186-187
 em sessões simuladas, 168-171
 fazendo, 185-186
 importância dos, 182-183
 na zona de desenvolvimento proximal, 186-187
Aliança aprendiz-instrutor, 191-192
Aliança terapêutica, laços de confiança para, 27-28
American Psychological Association (APA), 22-23, 206-208
Amor, necessidades não atendidas de, 58-59

Ansiedade, 47
Apego seguro
 como conceito central, 9-10
 e necessidades não atendidas, 201
 reparentalização limitada para, 13-14, 109-110
Apoiando e reforçando o modo adulto saudável (Exercício 2), 37-46
 critérios da habilidade, 38-39
 declarações do cliente, 41-43
 descrição da habilidade, 37-39
 em transcrição anotada de sessão, 164-165
 exemplos de, 38-39
 instruções para, 40
 no exemplo de programa, 204-205
 preparação para, 37
 respostas do terapeuta, 44-46
Apoio
 efeito do esquema de abandono/instabilidade no, 58-59
 efeito do esquema de privação emocional no, 58-59
 terapeutas fornecendo, 110-111
Aprendizagem
 dependente do estado, 8-9
 domínio baseado em simulação, 8-10
 micro-habilidades, 3-4
 mudança nos objetivos para, 185-186
 na zona de desenvolvimento proximal, 186-189
 teórica, 181-182
Aprendizes
 aliança aprendiz-instrutor nos, 191-192

automonitoramento e autoconsciência dos, 182-183
bem-estar dos, 181-183
desempenho com clientes reais pelos, 185-186, 190-191
desempenho pessoal dos, 190-191
estilo terapêutico pessoal dos, 179-180
feedback para, 4-5
habilidades perceptuais para, 181-182
instruções para, 21-24
limites apropriados para, 182-183
observando o desempenho profissional dos, 183-184
orientação para, 186-192
privacidade dos, 182-183, 206-208
processo de treinamento para, 187-192
terapia pessoal para, 191-192
Apropriação, dos exercícios, 187-189
Aquisição, 6-7
Aquisição de habilidades, ensaio comportamental *versus*, 185-186
Assertividade
como conceito central, 9-10
demonstração do cliente de, 38-39
Atenção, ausência de, 58-59
Aulas, no exemplo de programa, 204-207
Autenticidade, *role-play* para praticar, 23-24
Autoavaliação, 182-184, 207-208
Autocompreensão, para mudanças no comportamento, 149-150
Autoconsciência, 182-183
em relação aos outros, 58-59
Autocontrole, 9-10, 109-110, 201
Autocriticismo, 89
Autodefesa, demonstração do cliente de, 38-39
Autoeficácia, apoiando, 181-183
Autolesão, sessão de terapia simulada para cliente com, 172-173
Automonitoramento, 182-183
Autonomia
alcançando, 15-16
como conceito central, 9-10
como habilidade da prática deliberada, 13-14

linguagem não verbal para transmitir, 109-110
na TE, 12-14
reconhecendo, do cliente, 37-39
reparentalização limitada para abordar, 109-110
Autorrevelação
ausência de, 58-59
no exemplo de programa, 206-208
orientação para os aprendizes, 186-187
Autovergonha, 89
Avaliação(ões)
conceitualização de caso na TE, 16-17
contínua, 186-187
do desempenho, 6-7, 185-186
dos resultados do cliente, 189-191
final, 23-24
para reparentalização limitada/ adaptativa, 13-14
Avaliações da dificuldade, 21
concluindo, 22-23
conduzindo, 185-186
contínuas, 179-180, 182-183
da zona de desenvolvimento proximal, 186-187
importância das, 182-183
mão como indicador nas, 168-170
privacidade do aprendiz, 182-183

B

Babins-Wagner, R., 8-9
Bailey, R. J., 8-9, 27-28
Base de evidências, na TE, 16-17
Behary, Wendy, 23-24
Bem-estar, dos aprendizes, 181-183
Birras, 99-100
Bom pai
respostas do, 12-14
terapeuta como, 109-110, 119-121
Budding, D. E., 9-10
Bullying, e críticos internalizados, 119

C

Cassidy, J., 9-10
Certificação da International Society of Schema Therapy, 5-6

Ciclo da prática deliberada, 6-7
Clientes aborrecidos
    educação sobre modos esquemáticos desadaptativos com, 74, 77
    identificando o modo criança vulnerável com, 100-101
    identificando o modo criança zangada com, 100-101
    reparentalização limitada para o modo criança vulnerável com, 110-111, 113, 116
    reparentalização limitada para o modo criança zangada, 110-111, 113, 116
Clientes agitados, compreensão e sintonia para, 32, 35
Clientes ansiosos
    compreensão e sintonia com, 28-29, 32-33, 35-36
    educação sobre esquemas com, 51, 54
    educação sobre modos esquemáticos desadaptativos com, 75, 78
    identificando o modo criança vulnerável com, 103, 106
    identificando o modo criança zangada com, 103, 106
    identificando o modo crítico internalizado exigente/punitivo com, 90, 92-93, 95-96
    modo adulto saudável apoiador/reforçador com, 43, 46
    reconhecendo mudanças de modo dos modos de enfrentamento desadaptativo com, 84-85, 87-88
    relacionando necessidades não atendidas, esquema e problema atual com, 62, 65
    reparentalização limitada para modos de enfrentamento desadaptativo com, 139, 144-145
    reparentalização limitada para o modo crítico internalizado exigente/punitivo com, 124, 128-129
    sessão de terapia simulada com, 171-172
Clientes assustados
    compreensão e sintonia com, 32, 35
    identificando o modos criança vulnerável com, 105, 108
    identificando o modo criança zangada com, 105, 108
    identificando o modo crítico internalizado exigente/punitivo com, 94, 97
    reconhecendo mudanças de modo com, 84, 87
    reparentalização limitada para o modo criança vulnerável com, 115, 118
    reparentalização limitada para o modo criança zangada com, 115, 118
    reparentalização limitada para o modo crítico internalizado exigente/punitivo com, 125, 130-131
Clientes autocríticos
    educação sobre modos esquemáticos desadaptativos com, 70-71, 74-75, 77-78
    identificando o modo crítico internalizado exigente/punitivo com, 90, 92, 95
Clientes autodepreciativos, educação sobre modos esquemáticos desadaptativos com, 74, 77
Clientes calmos
    educação sobre modos esquemáticos desadaptativos com, 74, 77
    implementando a quebra de padrões comportamentais com, 150-151
Clientes céticos, sessão de terapia simulada com, 171-172
Clientes confusos, compreensão e sintonia com, 32-33, 35-36
Clientes culpados, educação sobre modos de enfrentamento desadaptativo com, 75, 78
Clientes curiosos, quebrando o padrão comportamental com, 154-159
Clientes deprimidos, relacionando necessidades não atendidas, esquema e problema atual com, 64, 67
Clientes desconfiados, sessão de terapia simulada com, 171-173
Clientes desesperados
    identificando os modos criança zangada e criança vulnerável com, 103, 105-106, 108
Clientes desligados, reconhecendo mudanças de modo com, 80-81

Clientes desorientados, reconhecendo mudanças de modo com, 83, 86
Clientes determinados, quebrando padrões comportamentais com, 155-156, 159
Clientes devastados
    identificando o modo criança vulnerável com, 103-104, 106-107
    identificando o modo criança zangada com, 103-104, 106-107
    reparentalização limitada para o modo criança vulnerável com, 113-114, 116-117
    reparentalização limitada para o modo criança zangada com, 113-114, 116-117
Clientes em luto, sessão de terapia simulada com, 170-171
Clientes engajados, sessão de terapia simulada com, 170-172
Clientes envergonhados
    apoiando e reforçando o modo adulto saudável com, 38-39
    confrontação empática com, 134-136
Clientes esperançosos, quebrando padrões comportamentais com, 154-156, 158-159
Clientes estressados
    educação sobre esquemas com, 53, 56
    relacionando necessidades não atendidas, esquema e problema atual com, 64, 67
Clientes exasperados, reparentalização limitada com, 123, 126-127
Clientes felizes, quebrando padrões comportamentais com, 153-159
Clientes firmes, apoiando e reforçando o modo adulto saudável com, 42-46
Clientes frios, educação sobre esquemas com, 49, 52-53, 55-56
Clientes frustrados
    apoiando e reforçando o modo adulto saudável com, 42-46
    compreensão e sintonia com, 33, 36
    educação sobre esquemas com 53, 56
    relacionando necessidades não atendidas, esquema e problema atual com, 59-60, 64, 67
Clientes gentis, apoiando e reforçando o modo adulto saudável com, 43, 46
Clientes hesitantes
    apoiando e reforçando o modo adulto saudável com, 38-39, 41-42, 44-45
    compreensão e sintonia com, 31, 34
Clientes inconsoláveis, identificando o modo crítico internalizado exigente/punitivo com, 93, 96
Clientes indiferentes, reconhecendo mudanças de modo com, 83, 86
Clientes indignados, identificando o modo crítico internalizado exigente/punitivo com, 93, 96
Clientes inseguros, quebrando padrões comportamentais com, 153, 157
Clientes instáveis, compreensão e sintonia com, 31, 34
Clientes irritados
    apoiando e reforçando o modo adulto saudável com, 41, 44
    compreensão e sintonia com, 33, 36
    confrontação empática com, 134-135
    educação sobre esquemas com, 51, 54
    relacionando necessidades não atendidas, esquema e problema atual com, 62, 65
Clientes nervosos
    apoiando e reforçando o modo adulto saudável com, 38-39, 41-46
    compreensão e sintonia com, 28-29, 31, 34
    implementando a quebra de padrões comportamentais com, 150-151
    reparentalização limitada para o modo criança vulnerável com, 113, 116
    reparentalização limitada para o modo criança zangada com, 113, 116
    sessão de terapia simulada com, 171-172
Clientes neutros, reconhecendo mudanças de modo com, 84, 87
Clientes objetivamente
    educação sobre esquemas com, 52, 55
    relacionando necessidades não atendidas, esquema e problema atual com, 63-64, 66-67

Clientes orgulhosos, apoiando e reforçando o modo adulto saudável com, 42, 45

Clientes otimistas
  apoiando e reforçando o modo adulto saudável com, 41, 44
  quebra de padrões comportamentais com, 155-156, 159
  reconhecendo mudanças de modo com, 83-84, 86-87

Clientes pesarosos
  identificando o modo crítico internalizado exigente/punitivo com, 94, 97
  reparentalização limitada para o modo crítico internalizado exigente/punitivo com, 125, 130-131

Clientes positivos
  educação sobre modos esquemáticos desadaptativos com, 75, 78
  reconhecendo mudanças de modos com, 85, 88

Clientes preocupados
  quebrando padrões comportamentais com, 153-154, 157-158
  reparentalização limitada para o modo crítico internalizado exigente/punitivo com, 124, 128-129

Clientes quietos, identificando o modo crítico internalizado exigente/punitivo com, 93, 96

Clientes receptivos, sessão de terapia simulada com, 170-171

Clientes sarcásticos, sessão de terapia simulada com, 171-172

Clientes sem emoção
  compreensão e sintonia para, 28-29
  reconhecendo mudanças de modo com, 83-88
  reparentalização limitada para modos de enfrentamento desadaptativo com, 139, 144-145

Clientes sem esperança
  educação sobre esquemas com, 51-52, 54-55
  educação sobre modos esquemáticos desadaptativos com, 70-71, 73, 76
  identificando o modo criança vulnerável com, 100-107
  identificando o modo criança zangada com, 100-107
  identificando o modo crítico internalizado exigente/punitivo com, 90, 93, 96
  reconhecendo mudanças de modo com, 84, 87
  relacionando necessidades não atendidas, esquema e problema atual com, 62-66
  reparentalização limitada para o modo criança vulnerável com, 113, 118
  reparentalização limitada para o modo criança zangada com, 113, 118
  reparentalização limitada para o modo crítico internalizado com, 120-121
  reparentalização limitada para o modo crítico internalizado exigente/punitivo com, 124-131

Clientes sobrecarregados
  identificando o modo criança vulnerável com, 104, 107
  identificando o modo criança zangada, 104, 107
  reparentalização limitada para o modo criança vulnerável com, 114, 117
  reparentalização limitada para o modo criança zangada com, 114, 117

Clientes solitários, sessão de terapia simulada com, 170-172

Clientes temerosos
  educação sobre modos esquemáticos desadaptativos com, 75, 78
  identificando a presença do modo crítico internalizado exigente/punitivo com, 92, 95
  reconhecendo mudanças de modo nos modos de enfrentamento desadaptativo com, 80-81
  reparentalização limitada para o modo crítico internalizado exigente/punitivo com, 123, 126-127

Clientes tímidos, apoiando e reforçando o modo adulto saudável com, 41, 44

Clientes tristes
  compreensão e sintonia com, 31-36
  educação sobre esquemas com, 48-49, 51-56

educação sobre modos esquemáticos desadaptativos com, 73, 76
identificando o modo criança vulnerável com, 103-108
identificando o modo criança zangada com, 103-108
identificando o modo crítico internalizado exigente/punitivo com, 92-97
reconhecendo mudanças de modo dos modos de enfrentamento desadaptativo com, 80-81, 83-88
relacionando necessidades não atendidas, esquema e problema atual com, 59-60, 62-67
reparentalização limitada para o modo criança vulnerável com, 111, 113, 116
reparentalização limitada para o modo criança zangada com, 111, 113, 116
reparentalização limitada para o modo crítico internalizado exigente/punitivo com, 123-131
reparentalização limitada para os modos de enfrentamento desadaptativo com, 138-145

Clientes zangados
educação sobre esquemas para, 53, 56
educação sobre modos esquemáticos desadaptativos com, 70-71, 73-78
identificando o modo criança vulnerável com, 100-101, 104-108, 110-111
identificando o modo criança zangada, 100-101, 104-108, 110-111
identificando o modo crítico internalizado exigente/punitivo com, 93-97, 124, 128-129
reconhecendo mudanças de modos com, 80-81, 83-88
relacionando necessidades não atendidas, esquema e problema com, 64, 67
reparentalização limitada para o modo crítico internalizado exigente/punitivo com, 124-125, 128-131
reparentalização limitada para os modos criança vulnerável e criança zangada com, 110-111, 114-118
reparentalização limitada para os modos de enfrentamento desadaptativo para, 135-136, 138, 142-143

Coker, Jerry, 8-9
Colaboração, convites para, 28-29
Comentários autoavaliativos, 89
Companheirismo, 58-59
Comparações, fazendo, 58-59
Competência
como conceito central, 9-10
como objetivo para a TE, 12-14
demonstração do cliente de, 38-39
e fazendo ajustes da dificuldade, 185-186
reconhecendo do cliente, 37
reparentalização limitada para abordar, 109-110
TE para adquirir, 4-5
Comportamento, problemático ou extremo, 69-70
Comportamentos alternativos, para modos de enfrentamento desadaptativo, 134-135
Compreensão
ausência de, 58-59
como habilidade da prática deliberada, 13-14
como habilidade da TE, 4-5
problemas atuais. *Ver* Educação sobre esquemas: começando a entender os problemas atuais em termos da terapia do esquema (Exercício 3)
Compreensão e sintonia (Exercício 1), 27-36
critérios da habilidade, 28-29
declarações do cliente, 30-33
descrição da habilidade, 27-29
exemplos de, 28-29
instruções para, 30
na transcrição anotada da sessão, 162-164
no exemplo de programa, 204-205
preparação para, 27-28
respostas do terapeuta, 34-36

Comunicação
    expandindo a abrangência da,
        189-190
    não verbal. *Ver* Comunicação não
        verbal
    qualidades vocais na, 168-170,
        189-190
    ritmo na, 168-170, 189-190
Comunicação não verbal
    e contato visual, 177-179
    e resposta ao modo criança vulnerável,
        99-100
    e resposta ao modo criança zangada,
        99-100
    ludicidade expressa na, 189-190
    na TE, 16-18
    transmitindo abertura e cordialidade,
        28-29
Conceitos centrais, da TE, 9-10
Conceitualização
    de caso, 16-17
    esquema, 13-14
Conexão
    afetada pelo esquema de abandono/
        instabilidade, 58-59
    como conceito central da TE, 9-10
    compreensão e sintonia para,
        27-28
    linguagem não verbal para transmitir,
        109-110
    terapeutas oferecendo, 110-111
Confiança
    compreensão e sintonia para, 27-28
    dos terapeutas, 120-121
    TE para adquirir, 4-5
Confidencialidade, 182-183, 206-208
Confrontação empática, 4-5
Conhecimento
    declarativo *versus* procedural, 9-10
    fornecendo aos aprendizes, 185-186
Consciência
    dos modos, 13-16
    dos modos de enfrentamento
        desadaptativo, 12-14
    empática, 10-12
    para afetar mudanças no
        comportamento, 149-150
    percepção, 48-49

Contato visual, em sessões de prática,
    177-179
Contexto
    no tratamento responsivo, 182-183
    para treino, 178-179
Controle, do modo crítico internalizado
    exigente/punitivo, 12-14
Cook, R., 78
Coragem, demonstração do cliente de, 38-39
Cordialidade
    ausência de, 58-59
    comunicação não verbal transmitindo,
        28-29
Craik, F. I. M., 78
Crenças
    emocionais, 47
    nucleares, 12-14
    rígidas, 10-12
    tendenciosas, 47
Criatividade, 8-9
    e cura dos modos, 15-16
Critérios de classificação, 207-208
Criticismo
    na infância, 47
    hipersensibilidade ao, 9-10
Crítico. *Ver também* Modo crítico
    internalizado exigente/punitivo; modo
    crítico internalizado
        exigente, 89, 200-201
        punitivo, 89, 200-201
Cuidador
    apoio do, 58-59
    ausente, 99-100
    conexão do, 58-59
    críticos internalizados afetados pelo,
        119
    imprevisível, 58-59
    indiferente, 99-100
    internalização de um cuidador
        amoroso, internalizado, 37
    julgamentos/mensagens do, 89
    pouco confiável, 58-59
Cuidados
    como conceito central, 9-10
    privação de, 58-59
    reparentalização limitada para
        abordar, 109-110
Culpa, em relação aos outros, 58-59

Cura dos modos, 13-16

D
Davis, Miles, 8-9
De Klerk, N., 16-17
Declarações do cliente. *Ver também exercícios individuais*
   ajustando a dificuldade das, 178-180, 193-195
   classificando a dificuldade para, 193-195
   expressividade emocional na prática, 178-179
   improvisando respostas para, 179-182
Declarações e perfis do cliente no nível avançado
   para associar necessidades não atendidas, esquema e problema, 64, 67
   para compreensão e sintonia, 33, 36
   para educação sobre esquemas, 53, 56
   para modos de enfrentamento desadaptativo, 85, 88, 140-141, 146-147
   para modos esquemáticos desadaptativos, 75, 78
   para o modo adulto saudável, 43, 46
   para o modo criança vulnerável, 105, 108, 115, 118
   para o modo criança zangada, 105, 108, 115, 118
   para o modo crítico internalizado exigente/punitivo, 94, 97, 125, 130-131
   para quebrar padrões comportamentais, 155-156, 159
   para sessões de terapia simuladas, 171-173
Declarações e perfil do cliente no nível iniciante
   para associar necessidades não atendidas, esquema e problema, 62, 65
   para compreensão e sintonia, 31, 34
   para educação sobre esquemas, 51, 54
   para modos de enfrentamento desadaptativo, 83, 86, 138, 142-143
   para modos esquemáticos desadaptativos, 73, 76
   para o modo adulto saudável, 41, 44
   para o modo criança vulnerável, 103, 106, 113, 116
   para o modo criança zangada, 103, 106, 113, 116
   para o modo crítico internalizado exigente/punitivo, 92, 95, 123, 126-127
   para quebrar padrões comportamentais, 153, 157
   para sessões de terapia simuladas, 170-172
Declarações e perfis dos clientes no nível intermediário
   para associar necessidades não atendidas, esquema e problema, 63, 66
   para compreensão e sintonia, 32, 35
   para educação sobre esquemas, 52, 55
   para modos de enfrentamento desadaptativo, 84, 87, 139, 144-145
   para modos esquemáticos desadaptativos, 74, 77
   para o modo adulto saudável, 42, 45
   para o modo criança vulnerável, 104, 107
   para o modo criança zangada, 104, 107
   para o modo crítico internalizado exigente/punitivo, 93, 96
   para quebrar padrões comportamentais, 154, 158
   para sessões de terapia simuladas, 171-172
   reparentalização limitada para o modo criança vulnerável, 114, 117
   reparentalização limitada para o modo criança zangada, 114, 117
Defectivo, sentimento, 9-10
Depressão, 16-17
Desamparo, 99-100
Desconexão, e modos de enfrentamento desadaptativo, 69-70, 79-80
Desempenho
   avaliando, 6-7, 185-186

com clientes reais, 185-186
de especialistas, 5-7
na aprendizagem do domínio baseada em simulação, 8-10
profissional, 185-186
quebrando antigos padrões de, 186-189
Desenvolvimento pessoal, 190-191
Desesperança, 47
Desviando o olhar, clientes que estão, 79-80
Direção, ausência de, 58-59
Discussão
    na prática deliberada, 22-23
    no programa, 204-207
Diversão, 187-190
Domínio
    do próprio treinamento, 187-189
    para mudança positiva, 181-182
Duração, para exercícios, 22-23

E

Educação sobre esquemas: começando a entender os problemas atuais em termos da terapia do esquema (Exercício 3), 47-56
    critérios da habilidade, 48-49
    declarações do cliente, 51-53
    descrição da habilidade, 47-49
    exemplos de, 48-49
    instruções para, 50
    na transcrição anotada da sessão, 162-163
    no exemplo de programa, 204-205
    preparação para, 47
    respostas do terapeuta, 54-56
Educação sobre modos esquemáticos desadaptativos (Exercício 5), 69-78
    critérios da habilidade, 70-71
    declarações do cliente, 73-75
    descrição da habilidade, 69-71
    exemplos de, 70-71
    instruções para, 72
    na transcrição anotada da sessão, 163-164
    no exemplo de programa, 204-205
    preparação para, 69-70
    respostas do terapeuta, 76-78
Eficácia
    com clientes reais, 185-186
    responsividade apropriada para, 181-182
EIDs. *Ver* Esquemas iniciais desadaptativos
Elogio
    como necessidade não atendida, 58-59
    para comportamentos do modo adulto saudável, 37-39
Emoções
    carregando, intensas, 10-12
    dolorosas, 69-70
    em EIDs, 10-12
    reparentalização limitada para expressar, 109-110
Empatia
    com a realidade interna do cliente, 27-28
    como conceito central, 9-10
    linguagem não verbal para enfatizar, 109-110
    para entender os modos de enfrentamento, 133-134
    privação de, 58-59
Encolhendo os ombros, clientes, 79-80
"Encontrando sua própria voz", 179-180
Engajamento, 6-7
Ensaio
    comportamental repetitivo, 6-7
    na prática deliberada, 179-180
    na zona de desenvolvimento proximal, 183-186
    para responsividade apropriada, 181-182
    utilidade do, 186-187
Ericsson, K. Anders, 6-9
Erros, aceitação, 12-14
Escuta, ausência de, 58-59
Esforço, 186-189
Espelhamento, 13-14
Espontaneidade, reparentalização limitada para expressar, 109-110
Esquema de abandono/instabilidade, 57-59, 62, 65
Esquema de defectividade/abandono, 47

Esquema de defectividade/vergonha,
  57-59, 64, 67
Esquema de instabilidade, 57-59, 62, 65
Esquema de privação emocional, 57-59,
  63, 66
Esquemas. *Ver também* Relacionando
  necessidades não atendidas, esquema e
  problema atual (Exercício 4)
    ativados, 79-80
    iniciais desadaptativos, 10-12
    monitoramento dos, 149-150
    na conceitualização de caso, 16-17
Esquemas iniciais desadaptativos (EIDs)
    e consciência dos modos, 15-16
    e experiências emocionais corretivas,
      12-14
    visão geral dos, 10-12, 199-201
Estabelecimento de limites
    como conceito central da TE, 9-10
    demonstração de, do cliente, 37-39
    e necessidades não atendidas, 201
    reparentalização limitada para,
      109-110
Estabilidade, 9-10
Estado cognitivo
    e EIDs, 10-12
    e modos esquemáticos, 69-70
Estado neurobiológico, e modos
  esquemáticos, 69-70
Estados comportamentais e emocionais,
  69-70
Estilo terapêutico, pessoal, 179-180
Estímulos
    emocionais, em sessões de prática,
      177-179
    externos, 10-12
    usados no treinamento, 8-10
Estresse
    desempenho sob, 8-10
    TE para TEPT, 16-17
Exercícios abrangentes
    transcrição de sessão de prática
      da terapia do esquema anotada,
        161-166
    sessões de terapia do esquema
      simuladas, 167-173
Exercícios de imagem mental, 110-111,
  149-150

Exercícios de prática deliberada
    adaptando, 178-180
    e habilidades da TE, 3-5
    exemplo de programa incluindo,
      203-208
    generalização dos benefícios da,
      185-186
    instruções para, 21-24
    maximizando os benefícios dos,
      177-182
    orientações adicionais sobre, 177-192
    reações pessoais complexas aos,
      182-183
    reações pessoais desconfortáveis aos,
      182-183
    sessões de terapia do esquema
      simuladas, 167-173
Expectativas, estabelecendo razoáveis,
  12-14
Experiência(s) corretiva(s), 12-14,
  120-121
    apoiadores, 120-121
    do treinamento, 8-9
    registrando, 24
Experiência(s) emocional(is)
    passado do aprendiz, 182-183
Experiências ambientais, 10-12
Experiências na vida, estressantes, 47
Expressão emocional
    em *role-plays*, 177-179
    encorajando a, do cliente, 110-111
Expressões faciais
    para enfatizar a empatia, 109-110
    sinalizando modos de enfrentamento
      desadaptativo, 79-80

F
Farrell, J. M., 9-10, 15-17, 23-24
Feedback
    corretivo, 168-169, 183-184
    do especialista, 6-7
    dos pares, 182-183
    em sessões simuladas, 168-169
    específico, 183-184
    expandindo, 194-195
    gradual, 183-184
    instruções sobre dar/receber, 22-24

na prática deliberada, 22-23
na prática observada, 183-184
Fisher, R. P., 8-9
Flashcards, 149-150
Flexibilidade, das respostas, 8-9, 181-182
Fluxo, 186-189
Força
    afetada pelo esquema de abandono/ instabilidade, 58-59
    ausência de, 58-59
    do modo adulto saudável. *Ver* Apoiando e reforçando o modo adulto saudável (Exercício 2)
Formato da aula, 206-207
Formulação de caso, 181-182
Formulário de reação à prática deliberada, 194-195
    como tarefa de casa, 206-207
    duplo propósito do, 182-183
    em sessões simuladas, 168-169
    para avaliar a dificuldade, 182-183
    preenchimento do, 22-23, 193-195
    privacidade do aprendiz e, 182-183
Formulário diário da prática deliberada
    com prática deliberada independente, 189-190
    como tarefa de casa, 206-207
    em sessões simuladas, 168-169
    para avaliação, 23-24, 197-198
Frustração, e modos de enfrentamento desadaptativo, 79-80
Funcionamento global, 9-10

G

Gestos e postura corporal
    abertura e cordialidade expressos em, 28-29
    e treino em TE, 16-18
    empatia expressa em, 109-110
    ludicidade expressa em, 189-190
    modo criança vulnerável expresso em, 99-100
    modo criança zangada expresso em, 99-100
Giesen-Bloo, J., 9-10
Gladwell, Malcolm, 6-7
Goldberg, S., 8-9

Guy, J. D., 191-192

H

Habilidades
    adaptativas, 10-12
    conhecimento *versus*, 185-186
    da prática deliberada, 13-14
    distintas, 8-9
    interpessoais, 13-16
    perceptuais, 181-182
Habilidades no nível avançado
    confrontação empática, 133-147
    em exercícios de prática deliberada, 4-5
    em transcrição de sessões anotadas, 163-166
    quebrando o padrão comportamental, 149-159
    reparentalização limitada, 109-131, 133-147
Habilidades no nível iniciante
    apoiando e reforçando o modo adulto saudável com, 37-46
    compreensão e sintonia, 27-36
    educação sobre esquemas, 47-56
    em exercícios de prática deliberada, 4-5
    na transcrição da sessão anotada, 162-165
    relacionando necessidades não atendidas, esquema e problema, 57-67
Habilidades no nível intermediário
    e educação sobre modos esquemáticos desadaptativos, 69-78
    identificando o modo criança vulnerável, 99-108
    identificando o modo criança zangada, 99-108
    identificando o modo crítico internalizado exigente/punitivo, 89-97
    reconhecendo as mudanças de modo dos modos de enfrentamento desadaptativo, 79-88
Haggerty, G., 183-184
Hill, C. E., 8-9

Hilsenroth, M. J., 183-184
Horvath, A. O., 181-182

I

Identidade
    como conceito central, 9-10
    reparentalização limitada para
      abordar o sentimento de, 109-110
Identificando a presença do modo
  crítico internalizado exigente/punitivo
  (Exercício 7), 89-97
    critérios da habilidade, 90
    declarações do cliente, 92-94
    descrição da habilidade, 89
    exemplos de, 90
    instruções para, 91
    na transcrição da sessão anotada, 163-164
    no exemplo de programa, 204-205
    preparação para, 89
    respostas do terapeuta, 95-97
Identificando a presença dos modos
  criança zangada e criança vulnerável
  (Exercício 8), 99-108
    critérios da habilidade, 100-101
    declarações do cliente, 103-105
    descrição da habilidade, 99-100
    exemplos de, 100-101
    instruções para, 102
    no exemplo de programa, 204-205
    preparação para, 99-100
    respostas do terapeuta, 106-108
Implementando a quebra de padrões
  comportamentais por meio de tarefas de
  casa (Exercício 12), 149-159
    critérios da habilidade, 150-151
    declarações do cliente, 153-156
    descrição da habilidade, 149-151
    exemplos de, 150-151
    instruções para, 152
    na transcrição da sessão anotada, 166
    no exemplo de programa, 204-205
    preparação para, 149-150
    respostas do terapeuta, 157-159
Improvisação
    como objetivo do *role-play*, 23-24
    em exercícios de prática deliberada, 178-180
    na psicoterapia, 8-9
Impulsos, 10-12
Inadequação, EIDs ativados por, 47
Infância
    bullying durante a, 119
    criticismo na, 47
    crítico internalizado desenvolvido na, 89
    cuidadores ausentes na, 99-100
    cuidadores indiferentes na, 99-100
    esquema de abandono/instabilidade afetado pela, 58-59
    normalizando necessidades não atendidas na, 110-111
    privação na, 47
    provocação durante, 119
Inferior, sentindo-se, 58-59
Insegurança, em relação aos outros, 58-59
Instruções, exercício, 21-24
Instrutores
    em sessões simuladas, 168-169
    monitoramento das reações complexas dos aprendizes em relação aos, 191-192
    orientação para, 21-24
    papel dos, 22-23
Intensidade emocional, 69-70, 99-100
Intervenções cognitivas e experenciais, 9-10, 15-16
Intervenções para quebrar padrões comportamentais, 4-5, 9-10

J

Julgamentos negativos, 89

K

Kageyama, Noa, 8-9
Koziol, L. F., 9-10

L

Labilidade do humor, sessão de terapia simulada para cliente com, 172-173
Laboratórios de habilidades, no programa, 204-207

Leituras
   obrigatórias, 207-208
   sugeridas, 208
Liberdade
   como conceito central, 9-10
   reparentalização limitada para
      abordar o sentimento de, 109-110
Limites, 182-183
Linguagem, modos criança zangada e
   criança vulnerável expressos na, 99-100
Ludicidade
   linguagem expressando, 187-190
   reparentalização limitada para
      expressar, 109-110

M

McGaghie, W. C., 8-9
Medida dos resultados, 189-190
Medo
   ao "forçar" exercícios, 185-186
   no modo criança vulnerável, 99-100
Memória, no conhecimento declarativo,
   9-10
Memória implícita, 9-10
Mindfulness, 3-4, 10-12
Modelagem, 13-14
Modo adulto saudável. *Ver também*
   Apoiando e reforçando o modo adulto
   saudável (Exercício 2)
      como objetivo da TE, 4-5, 10-14
      subdesenvolvido, 201
Modo capitulador/complacente
   e necessidades não atendidas, 201
   para modo de abandono, 139, 144-145
   para modo de autossacrifício, 134-150
   para modo de subjugação, 139,
      144-145
Modo criança feliz
   apoiando e reforçando, 37
   como objetivo da TE, 12-14
Modo criança impulsiva
   e necessidades não atendidas, 201
   estabelecendo limites para, 37
   recanalizando, 12-14
Modo criança indisciplinada, 12-14, 201
Modo criança vulnerável
   cuidando do, 12-14
   e necessidades não atendidas, 201

   exercícios de prática deliberada para,
      4-5
   proteção e validação do, 37
Modo criança zangada
   e necessidades não atendidas, 201
   estabelecendo limites para, 37
   habilidades da prática deliberada
      para, 13-14
   habilidades da TE para, 4-5
   recanalização, 12-14
Modo crítico internalizado, 119-121
Modo crítico internalizado exigente/
   punitivo
   e habilidades da TE, 4-5
   e modos esquemáticos, 10-12,
      200-201
   habilidades da prática deliberada
      para, 13-14
   poder e controle do, 12-14
Modo de abandono, capitulador
   complacente do, 139, 144-145
Modo de autoengrandencimento
   e reconhecendo mudanças de modo,
      83, 85-86, 88
   reparentalização limitada para,
      135-147
Modo de autossacrifício, capitulador
   complacente, 134-136, 139, 144-145
Modo de hipercompensação, 201
Modo de subjugação, capitulador
   complacente para, 139, 144-145
Modo do buscador de aprovação, 84, 87
Modo hipercontrolador perfeccionista, 85,
   88
Modo protetor desligado
   e reconhecendo mudanças de modo,
      80-81, 83-88
   reparentalização limitada para, 138,
      142-143
Modo protetor evitativo
   e necessidades não atendidas, 201
   e reconhecimento de mudanças de
      modo, 83-88
   reparentalização limitada para,
      134-135, 138, 142-143
Modo protetor zangado
   e reconhecendo mudanças de modo,
      80-81, 83, 86

reparentalização limitada para, 138-147
Modo provocador-ataque
  e reconhecendo mudanças de modo, 80-81, 84-88
  reparentalização limitada para, 133-134, 140-141, 146-147
Modos. *Ver também tipos específicos*
  ativados, 69-70, 79-80
  como linguagem para definir padrões de comportamento, 10-12
  criança, 10-12, 200-201
  enfrentamento, 10-12
  enfrentamento desadaptativo, 4-5
  esquema, 10-12
  esquema desadaptativo, 4-5
  manejo, 13-16
  monitoramento dos, 149-150
  na conceitualização de caso, 16-17
Modos de enfrentamento adaptativo
  e modos esquemáticos desadaptativos, 69-70
  para o modo adulto saudável, 37
Modos de enfrentamento desadaptativo
  consciência dos, 12-14
  e modos esquemáticos, 10-12, 200-201
  e necessidades não atendidas, 201
  habilidades da TE para, 4-5
Modos esquemáticos. *Ver também tipos específicos*
  e necessidades não atendidas, 201
  tipos de, 10-12, 200-201
Modos esquemáticos desadaptativos, 13-14. *Ver também* Educação sobre modos esquemáticos desadaptativos (Exercício 5)
Modos saudáveis, 69-70, 200-201
Momentos presentes, modos criança zangada e criança vulnerável afetando, 99-100
Motivação, 12-14
Mudança
  barreiras à, 15-16
  de modo, 12-16
  expectativas do aprendiz para, 190-191
  na personalidade, 9-10

significativa, 9-10
sustentável, 9-10
Mudanças de modo, 4-5, 79-80. *Ver também* Reconhecendo as mudanças de modo dos modos de enfrentamento desadaptativo (Exercício 6)

N

Necessidades, 37
  atendendo às, 12-14, 37, 110-111
  e EIDs, 47-49
  emocionais, 9-10
  equilibrando, 37
  infância, 10-12
  mudanças de comportamento para atender, 149-150
  relacionando, não atendidas, 4-5
  válidas, reparentalização limitada para expressão das, 109-110
Necessidades não atendidas. *Ver também* Relacionando necessidades não atendidas, esquema e problema atual (Exercício 4)
  afetadas por modos de enfrentamento desadaptativo, 133-134
  aprendendo a atender, 13-16
  como habilidade da prática deliberada, 13-14
  e esquema de abandono/instabilidade, 58-59
  e esquema de defectividade/vergonha, 58-59
  e esquema de privação emocional, 58-59
  e modos esquemáticos, 201
  EIDs devido a, 10-12, 47-49, 199-200
  modo criança vulnerável devido a, 99-100
  modo criança zangada devido a, 99-100
  na conceitualização de caso, 16-17
  terapia para abordar, 109-110
Neimeyer, G. J., 8-9
Neurobiologia interpessoal, 9-10
Norcross, J. C., 191-192
Normalização das necessidades do cliente, 110-111

O

Objetivos
   altamente individualizados, 182-183
   da prática deliberada, 189-190
   da terapia do esquema, 10-14
   estabelecendo pequenos e graduais, 6-7
Observação
   do desempenho professional dos aprendizes, 183-184
   do *role-play*, 22-23
   em sessões simuladas, 168-169
   no ciclo da prática deliberada, 6-7
   para psicoterapeutas da TE, 181-182
Ogles, B. M., 8-9, 27-28
Orientação
   ausência de, 58-59
   e necessidades não atendidas, 201
   linguagem não verbal para transmitir, 109-110
Orlinsky, D. E., 191-192
Outliers (Gladwell), 6-7

P

Padrões, estabelecendo razoáveis, 12-14
Pensamentos
   críticos, devido a modos desadaptativos, 69-70
   registro, 24
Percepção consciente, 48-49
Percepções, esquema de abandono/instabilidade devido a, 58-59
Perguntas, preenchendo a supervisão com, 185-186
Pistas paralinguísticas, 16-18
Poder, do modo crítico internalizado exigente/punitivo, 12-14
Pool, R., 6-7
Prática deliberada (em geral)
   na TE, 16-17, 181-182
   no treino em psicoterapia, 5-10, 180
   objetivos da, 23-24, 189-190
   oportunidades adicionais para, 189-190
Prática repetitiva, 3-4
Preparação, para os exercícios, 22-23
Princípio "Desafiador, mas não devastador", 186-187

Privação
   formas de, 58-59
   na infância, 47
Privacidade, 182-183, 206-208
Problemas. *Ver também* Relacionando necessidades não atendidas, esquema e problema atual (Exercício 4)
   compreendendo, atuais. *Ver* Educação sobre esquemas: começando a entender problemas atuais em termos da terapia do esquema (Exercício 3)
   presentes, 4-5, 13-14
Processo de treinamento pessoal, 187-192
Programa, exemplo, 203-208
Proteção
   afetada pelo esquema de abandono/instabilidade, 58-59
   da criança vulnerável, 37
   privação de, 58-59
Provocação, crítico internalizado afetado por, 119
Psicoterapia
   conhecimento sobre *versus* desempenho da, 185-186
   ludicidade e diversão em, 187-190
   para aprendizes, 191-192
   prática deliberada em, 5-10
   treino em, 179-180

Q

Qualidade vocal
   para enfatizar a empatia, 109-110
   respondendo ao modo criança vulnerável, 99-100
   respondendo ao modo criança zangada, 99-100
   ritmo, 168-170, 189-190
Quebrando padrões comportamentais. *Ver* Implementando a quebra de padrões comportamentais por meio de tarefas de casa (Exercício 12)
Quebras
   fazendo pausas, 187-190
   padrão comportamental, 4-5
Questões de diversidade, 207-208

R

Raiva
    como sinal de modos de enfrentamento desadaptativo, 79-80
    devido a esquema de defectividade/abandono, 47
Realidade interna do cliente, 27-28
Realizações, demonstração do cliente das, 38-39
Reconhecendo as mudanças de modo dos modos de enfrentamento desadaptativo (Exercício 6), 79-88
    critérios da habilidade, 80-81
    declarações do cliente, 83-85
    descrição da habilidade, 79-80
    exemplos de, 80-81
    instruções para, 82
    na transcrição anotada das sessões, 164-165
    no exemplo de programa, 204-205
    preparação para, 79-80
    respostas do terapeuta, 86-88
Reconhecimento, dos modos de enfrentamento desadaptativo, 37
"Regra das 10 mil horas", 6-7
Regulação emocional, 12-14
Rejeição
    da necessidade central, 201
    EIDs ativados pela, 47
    hipersensibilidade à, 58-59
Relação terapêutica, aliança aprendiz--instrutor na, 191-192
Relacionamentos, afetados por comportamentos de provocação/ataque, 133-134
Relacionando necessidades não atendidas, esquema e problema atual (Exercício 4), 57-67
    critérios da habilidade, 59-60
    declarações do cliente, 62-64
    descrição da habilidade, 57-59
    exemplos de, 59-60
    instruções para, 61
    na transcrição anotada da sessão, 162-164
    no exemplo de programa, 204-205
    preparação para, 57-58
    respostas do terapeuta, 65-67
Relações íntimas, efeito do comportamento provocador/ataque nas, 133-134
Reparentalização limitada
    aliança terapêutica para, 27-28
    para intervenções na TE, 12-17
Reparentalização limitada para o modo crítico internalizado exigente/punitivo (Exercício 10), 119-131
    critérios da habilidade, 120-121
    declarações do cliente, 123-125
    descrição da habilidade, 119-121
    exemplos de, 120-121
    instruções para, 122
    na transcrição da sessão anotada, 163-164
    no exemplo de programa, 204-205
    preparação para, 119
    respostas do terapeuta, 126-131
Reparentalização limitada para os modos criança zangada e criança vulnerável (Exercício 9), 109-118
    critérios da habilidade, 110-111
    declarações do cliente, 113-115
    descrição da habilidade, 109-111
    exemplos de, 110-111
    instruções para, 112
    no exemplo de programa, 204-205
    preparação para, 109-110
    respostas do terapeuta, 116-118
Reparentalização limitada para os modos de enfrentamento desadaptativo: confrontação empática (Exercício 11), 133-147
    critérios da habilidade, 134-135
    descrição da habilidade, 133-135
    exemplos de, 134-136
    instruções para, 137
    na transcrição anotada da sessão, 164-165
    no exemplo de programa, 204-205
    preparação para, 133-134
    respostas do terapeuta, 142-147
Responsabilidade, 185-186
    assumindo, 12-14
    equilibrando, 3-4

pelo processo, 185-186
pelos resultados, 185-186
Responsividade
   apropriada, 167, 181-182
   no *role-play*, 23-24
   no tratamento, 181-182
Respostas. *Ver também* Respostas do terapeuta
   autodestrutivas, 10-12
   bom pai, 12-14
   de luta, fuga ou paralisação, 10-12
   de sobrevivência, 133-135
   modo desadaptativo, 15-16
Respostas contraproducentes
   reparentalização limitada para, 133-134
   tipos de, 10-12
Respostas do terapeuta. *Ver também exercícios específicos*
   improvisando, 178-180
   no *role-play*, 21
   responsividade apropriada, 167, 179-180
Resultados do cliente, 189-191
"Rodadas de demonstração", 178-179
Role-play
   em exercícios de prática deliberada, 21
   em sessões simuladas, 167-169
   expressão emocional no, 177-179
   expressão emocional realista no, 177-179
   níveis de dificuldade do, 182-183
   objetivo do, 23-24
   orientando o treinamento dos parceiros quanto à dificuldade do, 186-187
   preparação para, 22-23
Ronnestad, M. H., 191-192
Rousmaniere, T. G., 8-9

S

Segurança
   como conceito central, 9-10
   linguagem não verbal para transmitir, 109-110
   reparentalização limitada para abordar, 109-110

Self
   efeito dos esquemas desadaptativos no, 69-70
   impacto dos EIDs no desenvolvimento do, 47
Sensações
   corporais, 10-12
   estressantes, 47
Sentimentos
   ausência de, compartilhados, 58-59
   estressantes, 47
   refletindo sobre, centrais do cliente, 27-28
Sequência de revisão e *feedback*, 23-24
Sessões de prática
   duração das, 22-23
   estrutura das, 22-24
   instruções para, 21-24
   no treinamento em terapia do esquema, 179-182
   orientação adicional sobre, 177-192
Sessões de terapia do esquema simuladas (Exercício 14)
   função das, 179-182
   nível variado de dificuldade nas, 168-171
   no exemplo de programa, 204-205
   perfis do cliente, 170-173
   preparação para, 168-169
   procedimento na sessão, 168-170
   visão geral, 167-169
Shaver, P. R., 9-10
Shaw, I. A., 16-17
Siegel, D. J., 9-10
Simbolismo, e cura dos modos, 15-16
Sintomas, redução dos, 9-10
Sintonia. *Ver também* Compreensão e sintonia (Exercício 1)
   como habilidade da prática deliberada, 13-14
   como habilidade da terapia do esquema, 4-5
   role-play para praticar, 23-24
Sistemas sensoriais, 10-12
Solidão
   educação sobre esquemas para, 47
   no modo criança vulnerável, 99-100

Stiles, W. B., 181-182
Supervisão
    ausência de, 189-190
    compartilhando conhecimento durante, 185-186
    efeitos negativos da, 181-182
    no modelo de supervisão na TE, 181-182
    positiva, 181-182
Supervisores
    encenação de responsividade pelos, 181-182
    feedback dos, 4-5
    pausas sugeridas pelos, 187-190
    treinamento pelos, 181-183
Supressão, da necessidade central, 201

T

Tarefas de casa, 4-5, 13-14, 206-207. *Ver também* Implementando a quebra de padrões comportamentais por meio de tarefas de casa (Exercício 12)
Taylor, J. M., 8-9
Temperamento inato, 10-12
Tensão ideal, 185-186
Terapia cognitivo-comportamental (TCC), 10-12
Terapia do esquema (TE)
    adaptando os exercícios na, 178-180
    ajustes da dificuldade na, 179-180
    avaliação da conceitualização de caso na, 16-17
    base de evidências para, 16-17
    componentes da, 12-17
    conceitos da, 9-12, 199-201
    efeitos negativos da, 181-182
    ensaio na, 179-180
    estágios da, 12-14
    estilo terapêutico pessoal na, 179-180
    estímulos emocionais realistas na, 177-179
    exemplo de programa para, 99-208
    generalizabilidade da, 185-186
    maximizando a produtividade da, 186-187
    monitorando os resultados da, 190-192
    objetivos da, 10-14
    prática deliberada no contexto da, 16-17, 181-182
    processo pessoal para, 187-192
    responsividade na, 181-182
    transcrição anotada e sessões simuladas na, 179-182
    visão geral da, 9-18
Tolerância à frustração, linguagem não verbal para transmitir, 109-110
Tom cordial, 99-100, 110-111
Tom emocional
    dos perfis de clientes, 170-171
    dos *role-plays*, 178-179
Tom vocal, 168-170, 189-190
    no treino da TE, 16-18
    sinalizando os modos de enfrentamento desadaptativo, 79-80
Tomada de decisão
    cuidadosa, 10-12
    ponderada, 10-12
    saudável, 37-39
Trabalho com o modo experiencial, 15-16
Tracey, T. J. G., 8-9
Tranquilização, dos terapeutas, 27-29
Transcrição anotada de sessão de prática de terapia do esquema (Exercício 13), 161-166
    função da, 179-182
    instruções para, 161
    no exemplo de programa, 204-205
    rodada de demonstração, 178-179
Transtornos da personalidade, 16-17
Transtorno de estresse pós-traumático, 16-17
Transtornos psicológicos, 10-12
Trauma, reparentalização ativa para, 12-14
Treinamento
    adaptação dos exercícios ao, 178-180
    estímulos usados no, 8-10
    pelos supervisores, 181-183
    processo pessoal para, 187-192
    tempo empregado no, 6-7
Tristeza, no modo criança vulnerável, 99-100

U

Uso das palavras, empático, 109-110

V

Validação
    da criança vulnerável, 37
    dos modos de enfrentamento
        adaptativos, 37-39
    dos sentimentos do cliente, 110-111
    dos sentimentos e necessidades, 201
"Verdades", 10-12
Vínculo
    como habilidade da prática deliberada,
        13-14
    na TE, 12-14

Vulnerabilidade, 13-14
Vygotsky, Lev, 186-187

Y

Younan, R., 13-14
Young, Jeff, 3-4, 10-12, 58-59

Z

Zona de desenvolvimento proximal
    consciência do instrutor da, do
        aprendiz, 186-187
    no ensaio, 185-187
    orientando o treinamento dos
        parceiros na, 186-187
Zonas de conforto, 187-189